解析家居空间、商业空间照明设计，
展示照明器具参数，提供精准数据支持！

Illumination Design Collection

照明设计全书

165例 照明实例 | **232**张 高清图片 | **54**个 设计原则

东贩编辑部　著

江苏凤凰科学技术出版社 · 南京

江苏省版权局著作权合同登记 图字：10-2020-280

本书中文简体出版权由台湾东贩股份有限公司授权，同意经由天津凤凰空间文化传媒
有限公司出版中文简体字版本，非经书面同意，不得以任何形式任意重制、转载。

图书在版编目（CIP）数据

照明设计全书 / 东贩编辑部著. —南京：江苏凤
凰科学技术出版社, 2021.4（2023.6重印）
ISBN 978-7-5713-1809-3

Ⅰ. ①照… Ⅱ. ①东… Ⅲ. ①照明设计 – 教材 Ⅳ.
①TU113.6

中国版本图书馆CIP数据核字(2021)第040153号

照明设计全书

著　　　者	东贩编辑部	
项 目 策 划	凤凰空间/李若愚	
责 任 编 辑	赵　研　刘屹立	
特 约 编 辑	李若愚	

出 版 发 行	江苏凤凰科学技术出版社
出版社地址	南京市湖南路1号A楼，邮编：210009
出版社网址	http://www.pspress.cn
总 经 销	天津凤凰空间文化传媒有限公司
总经销网址	http://www.ifengspace.cn
印 刷	雅迪云印（天津）科技有限公司

开 本	710 mm×1 000 mm　1/16
印 张	11
字 数	176 000
版 次	2021年4月第1版
印 次	2023年6月第5次印刷

标 准 书 号	ISBN 978-7-5713-1809-3
定 价	59.80元

图书如有印装质量问题，可随时向销售部调换（电话：022-87893668）。

目录 Contents

1

照明的
基础知识

光的用语

　　所谓的光，通常指的是使人类眼睛可以看见物体的电磁波（可见光），波长通常介于400～700 nm之间。除了自然光外，将电能转化为光能的人造光源，更是现代生活中不可或缺的一环。学习光的用语，不仅有助于理解灯具产品上所标示内容的含义，也能在与厂商或设计师沟通时，减少彼此理解的误差，从而规划出既符合实际需求，又兼顾情境变化的照明环境。

光的能量

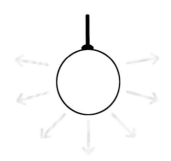

光通量的单位是流明，流明数值越高代表灯越亮，其重点在于光能量总和的意义表达。

·光通量（Luminous Flux）

光通量又称光束，是衡量光源整体亮度的指标，指的是单位时间内由光源所发射并被人眼感知的所有辐射能量的总和。其符号是φ，单位是流明（lm），流明数值越大表示亮度越高。

想象一下，一个无罩的球形灯泡，它发出来的光是向四面八方辐射出去的，而所有的光的总和就是所谓的光通量。虽然光通量在人眼注视时，会因流明高低而有亮暗之分（这也是最容易与亮度混淆的地方），但其重点还是在于光能量总和的意义表达。

·发光强度（Luminous Intensity）

发光强度简称光度，是指从光源一个立体角［单位为球面度（sr）］所放射出来的光通量，也就是光源或照明灯具的光通量在空间某选定方向上的分布密度，单位为坎德拉（cd）。计算公式为：发光强度（cd）＝光通量（lm）／立体角（sr）。

一般照明灯的亮度是以耗电的功率来分类。但不同材质的灯，其所发出可见光的量不一定相等，因此同样功率的不同人工光源，其发光强度未必相同。例如：40W的日光灯发光强度约有185cd，而40W的白炽灯发光强度只有约37cd。所以选购灯泡时，其亮度应以发光强度为标准，因为对不同材质的灯而言，功率高的不代表发光强度一定高。

· 光视效能（Luminous Efficacy）

光视效能代表光源将所消耗的电能转换成光的效率，其数值越高表示光视效能越高。其符号是K，单位是流明／瓦（lm/W）。

不论是居家空间还是商业空间，要想兼顾亮度与节能，就要在买灯具时既关注发光强度又关注光视效能。若商品因厂商标示不清无法辨识，可简单查看包装上是否有节能商标，通常有节能商标的灯具皆经过认证，具有良好的光视效能，对于节能省电有一定的帮助。在灯泡的选用上，可把白炽灯泡、卤素灯泡改为光视效能更好的LED灯，日光灯管可换成安装镇流器的T5灯管，需保持长明状态的灯具如神明灯等，也可换成省电的LED灯。

常见人工光源光视效能

灯种	光视效能／（lm·W^{-1}）	使用寿命／h
白炽灯	15	1000
卤素灯	25	2000
日光灯	70	5000
省电灯泡	50	6000
LED灯	100	10 000

光的感受

· 显色性（Color Rendering Index）

显色性（Color Rendering Index，简称CRI）是用来表现一个光源有多接近真实太阳光的显色能力，多用一般显色指数（General Color Rendering

一般显色指数越高，越能显现物体真实原色。

空间设计与图片提供 | Parti Design Studio /曾建豪建筑师事务所

Index）R_a来表示。显色指数最高为100，显色指数越接近100，代表灯光越接近自然光。

太阳光之所以成为理想基准，在于它是一个连续光谱，能够反射出各种物体的原色；而显色性差的光源，其光谱则是不连续的，因此会造成物体显色的贫瘠现象，例如在日光灯下肤色显得苍白。也因此，重视色彩表现的行业，如摄影、彩妆、电影等，都偏爱显色性较高的光源，就是为了降低色彩偏差。一般而言，R_a=80以上的灯光就属显色性佳的光源。若是美术馆或画廊，则灯光至少需要达到 R_a=90。

常见人工光源显色性

灯种	一般显色指数 / R_a
白炽灯	99
卤素灯	99
日光灯	50
省电灯泡	80
LED灯	60

3000K接待区与5000K工作区以不同色温响应各自的功能需求。

空间设计与图片提供｜木介空间设计

· 色温（Color Temperature）

　　色温（Color Temperature）最早是由英国物理学家开尔文勋爵（Lord Kelvin）所发现制定。其测量方式是将标准黑体（指不会反射入射光的黑色材料）加热，在加热过程中，当温度逐渐升高时，光的颜色从深红、浅红、橙黄色一直变色到白、蓝色，因此可理解为"光的颜色随温度变化"，也是一种对光线颜色的度量方式。其单位为开尔文（K）。一般光源按色温可大致区分为低色温、中色温、高色温三大类。低色温普遍在3300K以下，这样的光源给人温暖放松的感觉；中色温在3300～6000K之间，通常能带来舒适感受；高于6000K的高色温光源，由于光色偏蓝，会使物体有清冷感。

　　家是让人放松的空间，追求的是舒适、温暖的感受，因此在进行灯光规划时，多以色温3000～4000K的光源来做配置。3000K光源趋近于黄色，可有效提升空间温度，4000K光源则比较接近自然光。为了让整体空间格调更为和谐，建议最好统一色温，或者至少在同一区域选用同一色温，如开放式餐厨区、开放

人对不同色温有不同感受，因此色温的选择，可决定空间整体给人的印象与感受。

1000K 2000K 3000K 4000K 5000K 6000K 7000K 8000K 9000K 10 000K

式客餐厅等，维持视觉感受的一致性。商业空间尤为注重视觉效果与空间氛围，因此要从空间属性来做色温选择，常见以几种不同色温来相互搭配，制造更多光影层次，但为维持视觉感受的一致性，光源色温应尽量接近不宜落差太大。

色温对照表

色温范围／K	视觉感受	光源
＜3300	温暖	蜡烛、白炽灯、钨丝灯
3300~6000	舒适	卤素灯、晨光
＞6000	清冷	无云蓝天、阴天、白色日光灯

· 亮度（luminance）

亮度即被照物每单位面积在某一方向上所发出或反射的发光强度，单位为坎德拉／平方米（cd/m²）。简单来说就是眼睛感受到发光面或被照面的明亮度。亮度常会与照度相互影响，也具有特定的方向性。以台灯为例，灯光投射在书桌上的单位面积的光通量就是其所谓的照度，而照度会随着台灯角度拉高或降低而有亮暗变化，这就是亮度不同在感受性上的差异。

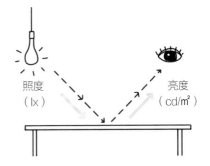

照度
（lx）

亮度
（cd/m²）

亮度即被照物每单位面积在某一方向上
所发出或反射的发光强度。

1 照明的基础知识

· 配光曲线

　　所谓配光曲线，简单来说就是灯具在各个角度发光强度的空间分布图。通过数字和图形把灯具在空间的分布情况记录下来，能帮助我们了解灯具光强分布的概貌，用以规划照度、亮度，或灯具距离、高度等。

照度仅反映部分的光通量，且会受光源的发光强度以及被照物体和光源之间的距离影响。

空间设计与图片提供 | 木介空间设计

· 照度（Illuminance）

　　照度（Illuminance）指的是单位面积所接收到的光通量，其单位是勒克斯（lx）。照度的大小取决于光源的发光强度，以及被照物体和光源之间的距离，照度与发光强度成正比，与被照物体和光源之间的距离平方成反比。计算公式为：照度（lx）=光通量（lm）/面积（m²），即在面积不变的情况下，光通量越高，照度也越高。规划整体空间时，不可能只用单一灯具，因此可以借助照度计加上简易的公式来算出平均照度。平均照度公式为 $E = N \times F \times U \times M / A$。其中：$E$ 为平均照度（lx）；N 为照明器具套数；F 为使用灯具的光通量（lm）；U 为照明率（会随着天花板、壁面、地面反射率不同而变化，且室内的长度、宽度以及光源高度也会影响照明率）；M 为维护率（在规划照明设计的初期，要依据照明器具的构造、室内污染的程度来估算，以确保使用后的平均照度。维护率一般为0.6～0.8）；A 为房间室内面积（m²）。

照度太低，容易引起眼睛疲劳。而照度太高，则会过于明亮刺眼，也会造成电力浪费。一般而言，居家空间平均照度建议规划在300～500lx，就足够明亮且舒适。如果是用于阅读或办公，500～750lx则会比较恰当。当平均照度不足时，可于工作区增加重点光源补强。

不同环境有不同的照度需求，进行光源规划时，除了考虑照度外，距离的远近也会让相同的光通量产生照度上的差异，所以在做灯具的挑选、配置时，应将灯具与地面的距离一并纳入考虑，例如挑高房型与一般房型的层高落差、吊灯垂挂离地距离、壁灯安装离地位置等，对配置灯具的数量、尺寸等多少会有影响。

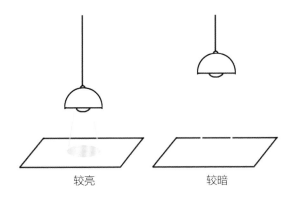

同样的光通量会因距离的不同而产生照度上的差异。

较亮　　　　　　　较暗

· 眩光（Glare）

眩光（Glare）是指令人不舒服的照明，会致使视觉无法辨识或感到不舒服。光源亮度越高，对眼睛刺激就越大。通过计算统一眩光值（UGR），可以对照出眩光和主观感觉的关系，当UGR为10～15的时候，视觉较舒适，不会受到眩光的影响。常见眩光可分为三类。

直接眩光　　　　　　　　　　　反射眩光

1. 直接眩光

光源在眼睛水平线上下30°、左右75°的视野范围内，通过直接或余光目视光源所产生的效应。如直视太阳、灯管、夜间对面来车车灯等。

2. 反射眩光

光源经由物体表面反射而进入视野范围，造成眼睛无法辨识前方物体。例如镜面、黑板、桌面、书本的反光现象。

3. 对比眩光

又称背景眩光。眼睛注视主目标物时，该目标物后方范围有强光，造成明暗对比而看不清楚主目标物。此明暗对比越大，眼睛越容易疲劳。

生活中不缺少灯光，却可通过一些方式来避免让眼睛感觉不适的眩光现象。最简单的方法就是尽量选用光源不直接露出的灯具，在许多办公空间中常见带有格栅设计的灯具，可有效防止眩光。这种灯具虽可减少眩光，但要注意对亮度的选择，以免亮度不足影响作业。另外在使用计算机或者看书时，周遭环境需有足够的亮度，避免环境亮度低于计算机屏幕、书本而造成眼睛疲劳。而在进行居家装修时，也要特别注意建材的使用，尤其是壁面，最好选用低光泽度建材，以免光源反射产生眩光。

眩光和主观感觉的关系

统一眩光值	主观感觉
UGR<9	感觉黑
9≤*UGR*<10	感觉较为舒适
10≤*UGR*<16	感觉较为疲惫
16≤*UGR*<22	有不舒服的感觉
22≤*UGR*<28	感觉很不舒服

·配光照度均匀度

　　规划照明时，除了照度足够高外，光线的均匀分布也很重要。较高的均匀性可使眼睛的神经更放松，也不容易疲劳。照度均匀度是衡量照明设计是否优良的指标之一。计算公式为：照度均匀度＝最低照度（综合条件下最小照度值）／平均照度。其数值应介于0～1之间，越趋近于1，代表光线分布的均匀度越佳。

人工光源的种类

照明不只提供空间照度，同时也能为空间制造出光影变化，营造独特氛围。一个适当的照明规划，除了可用不同的照明方式来改变空间观感外，选用适合的人工光源，也能创造出更丰富多彩的光影效果。现今科技进步，人工光源种类繁多，除了强调艺术性、氛围，在节能环保方面也更为重视，以兼顾美感与功能。要想挑选适合的人工光源，需要从了解各种人工光源的特性开始。

空间设计与图片提供｜邂空间研究室

卤素灯泡虽然光视效能偏低，但仍常用来装点空间或营造氛围。

·白炽灯

白炽灯就是我们过去常见的电灯泡，或称之为钨丝灯，它的发光原理是利用电流通过灯丝，灯丝不断聚集热量，当达到一定温度，到达白炽状态时，便会开始发光，温度越高发出的光就越亮。相对地，在高温之下灯丝容易升华，伴随着升华灯丝会变细，此时一通电便容易烧断。灯丝升华也会让灯泡变黑，白炽灯泡功率越大寿命越短。

从发光原理来看，白炽灯在发光过程中需要消耗大量的电能转化成热能，而其中仅有一小部分热能转化成有用的光能，所以白炽灯耗电量偏高，平均使用寿命大约为2000h，与其他光源相比寿命偏短。因此，虽然过去因价格偏低、更换维护容易，而普遍使用白炽灯，但现今却已少有人使用。就节能及对环境的影响来看，白炽灯既无法节能也不够环保。

白炽灯的灯丝使用的是钨丝，其外壳则是玻璃，为了防止灯丝在高温下氧化，起先灯泡里是真空状态，经过研究后改以惰性气体取代真空，以减缓灯丝升华。

·卤素灯

卤素灯其实也是白炽灯的一种，卤素灯是在灯泡中注入卤素气体，通过内部的循环再生作用，大幅改善容易因高温造成灯丝断裂的状况，进而延长灯泡的使用寿命。卤素灯不仅有效延长了灯丝寿命，使其使用时数大大高于白炽灯，还由于灯丝可承受更高温度，从而使其也获得更高的亮度。

由于卤素灯灯泡内的温度比白炽灯高，普通玻璃可能会因高温而出现软化现象，所以卤素灯的外壳通常会改用石英玻璃，但是石英玻璃无法像普通玻璃一样阻隔紫外线，因此卤素灯需要特别注意紫外线问题。目前卤素灯大多会选择加镀一层抗紫外线镀膜来隔绝紫外线。

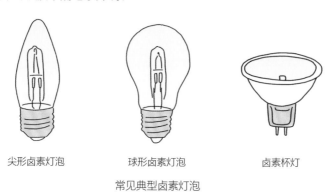

尖形卤素灯泡　　　　　球形卤素灯泡　　　　　卤素杯灯

常见典型卤素灯泡

白炽灯泡与卤素灯泡的比较

灯的种类	优点	缺点	注意事项
白炽灯泡	肉眼所见色泽逼真，显色性佳，颜色接近太阳光	不节能，且淘汰率高	目前全世界已逐渐淘汰白炽灯
卤素灯泡	灯泡寿命较长	光视效能仍然偏低	可用于局部照明或空间装饰，但要特别注意灯泡使用时的发热问题

·荧光灯

荧光灯其实就是大家熟知的日光灯，灯管内注入少量氩气及少量水银，并在灯管内壁涂上荧光涂料，通电后借由灯管内发光材质的相互作用，而发出可见光。由于其是利用气体放电，为了维持电流稳定性，需加装镇流器。

荧光灯给人的第一印象大多是白色，但其实光色由管壁内涂抹的荧光物质决定，通过调整涂抹的荧光物质的成分比例，便可得到不同光色。目前荧光灯约有11种光色可选择。

除了光色的变化，荧光灯还可依据直径大小分类，常见的T5、T6、T8、T9等类型中，数字代表的就是灯管的直径大小。一般灯管越细、越直，光视效能越好，加上细的灯管容易隐藏，可让空间更美观，所以目前T5被广泛使用于居室、商业空间。

不过灯管越细，启动也越不容易，因此不同于T8、T9安装的是传统镇流器，T5灯管需安装电子镇流器。

为了维持荧光灯管内电流的稳定性，需加装的装置被称为镇流器。目前镇流器可分为传统镇流器和电子镇流器。传统镇流器需搭配启辉器，才能促使荧光灯管达到足以放电的程度，而最新的电子镇流器则不需要另外加装启辉器，因为启辉器已被包含在镇流器里。

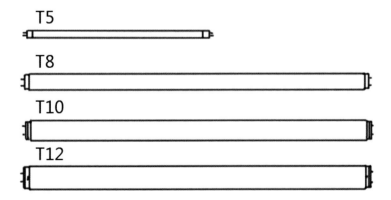

T5

T8

T10

T12

"T"是"Tube"的缩写，表示管状的意思，而"T"后面的数字则代表灯管直径大小。数字"1"为3.2 mm，以此类推，便可算出不同日光灯的直径。

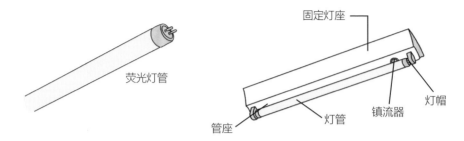

荧光灯管

固定灯座

灯帽

镇流器

灯管

管座

　　此外，市面上的省电灯泡也属于荧光灯的一种，灯泡内部安装的其实就是荧光灯管加镇流器，可安装于一般灯泡座，维护更换也相当容易。它被称为省电灯泡，其实是与白炽灯相比，有较高的光视效能，当然也更加省电，但若与LED灯相比，则不见得省电，因此选用时应先做比较。省电灯泡不一定呈球形，目前市面上常见的还有螺旋形、U形以及长条形。

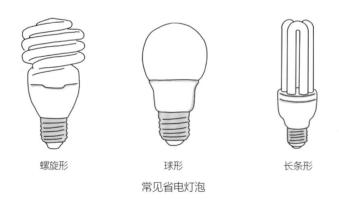

螺旋形　　　　　球形　　　　　长条形

常见省电灯泡

· LED灯

　　发光二极管（Light-emitting Diode，简称LED）是一种能发光的半导体电子组件，相较于过去先将电能转换成热能，之后再转换为光能的传统光源，LED灯是直接将电能转换成光能，因此可以更有效率地获取光源。另外因LED灯发光机制不同，使用寿命也远高于传统光源。在维修不易且需要光源的地方，LED灯是很好的选择。

由于LED灯体积小、亮度高，因此早期多被用作指示灯。然而随着科技不断发展，LED灯光视效能和亮度不断提高，色彩也更为丰富，时至今日，已被普遍运用在居室和商业空间，甚至交通信号灯、大型广告牌等，虽然其成本仍然偏高，但因体积自由度大，而且节能、环保，因此有逐渐取代荧光灯、白炽灯的趋势。

· 氙气灯

氙气灯，高强度气体放电（High-intensity Discharge，简称HID）灯，是灯管内部涂布石英或铝，两端钨电极产生加压电弧，通过灯管后发出可见光。氙气灯的种类包含高压水银灯、金属卤素灯、低压钠灯以及高压钠灯，通常应用在大面积区域且需要高质量光线的场所，如仓库、电影院、停车场等，也常用于飞行器降落和滑行灯。因氙气灯光线较为自然，且有多种色彩可供选择，所以也被应用于零售店和住宅等地方。

近几年氙气灯也常用作汽车的头灯，这种车头灯会散发出清晰、自然的光，可让开车的人看得更清楚，但由于属于强光容易让人感到刺眼，因此想装设氙气灯作为车头灯，要做好强光防范措施。另外高阶自行车也会采用氙气灯来取代传统卤素灯，因为在相同的瓦数下，氙气灯会比颜色偏黄的卤素灯亮度更高、更清晰。

氙气灯类型比较

类型	特色	使用范围
高压水银灯	光视效能高，使用寿命长	广场和街道照明
金属卤素灯	亮度高，属于稳定强效光源	工业照明、植物栽培照明
低压钠灯	光视效能高，使用寿命长，显色性差	不需分辨颜色的场合
高压钠灯	光视效能高，使用寿命长，显色性比低压钠灯好	舞台、隧道等公共照明

灯具

灯具在空间中扮演无可取代的角色，不仅身负提供照明的重大责任，更是营造气氛、提升整体美感的空间魔法师。灯具种类众多，可装设在建筑物内外、地面、墙面、天花板等不同平面，除了分为固定式与可移动式外，依照功能不同又分为基础照明、局部照明、重点照明、装饰照明等。灯具是人工光源，规划灯具配置时应与自然光搭配，了解灯具的功能与应用重点，选对灯具，用对地方，才能让灯具发挥最大效用，创造最佳空间效果。

空间设计与图片提供 | Parti Design Studio/曾建豪建筑师事务所

· 落地灯

落地灯一般由灯罩、支架以及可支撑于地面的底座组合而成，依配光方式大致可分为上照式、下照式、上下方皆有光源以及光线全方位扩散式。落地灯属可移动灯具，在运用上更灵活，作为局部照明工具，可放置在角落或沙发、单人椅边侧，除了能点亮角落、营造气氛外，也可以是实用的阅读灯。当基础照明亮度不足时，可将落地灯作为辅助光源加强光线布局。落地灯作为辅助光源，在确定摆放位置与挑选外形时，需顾及与空间的协调性，最好能从空间里的家具、天花板及整体风格等方面考虑。由于落地灯同时具备装饰功能，选对1盏合适的落地灯会如同画龙点睛般，大大提升空间的完成度。

备用贴士

1 ▶ 过去落地灯常与主灯搭配作为辅助照明，如今不使用主灯、不做木质吊顶已是潮流之一，利用向天花板投光的上照式落地灯取代主灯，再视需求搭配桌灯、壁灯等其他灯具，照样能打造出光线柔和充足、气氛温馨的空间。

2 ▶ 落地灯的选择需与空间大小、与天花板高低相协调，尤其是大型落地灯不只要求空间够宽敞，天花板高度也要够高，以免灯具让空间显得拥挤和有压迫感。

3 ▶ 当空间配置得宜时，落地灯也可放置在用餐区取代餐桌吊灯，或放在书桌旁取代台灯、放在卧室床头取代床头灯，让空间显得更有层次感。

落地灯的类型及特色

灯具类型	特色
上照式	照明方向朝上，光线照射到天花板再均匀地散布在室内，与从天花板直接照射下来的光相比，会让人感觉更加放松
下照式	照明方向往下，因此多用来照亮局部区域，大多配置在沙发、床铺、床头柜边
上下方皆有光源	可调整照明方向，因此可依需求做变化，以营造出不同气氛
光线全方位扩散式	灯具本身就是发光体，因此不只具有照明功能，亦有很强的装饰性

空间设计与图片提供 | ST design studio

· 吊灯

吊灯是指吊装在室内天花板上的高级装饰用照明灯，依光照方向可分为光线柔和的上照式、光线直接明亮的下照式，以及发光面积大的扩散式。由于光源照射方式不同，可营造出不同的氛围，因此挑选吊灯时要选择符合理想中照明功能与空间氛围的灯具。根据外形，吊灯大致可分为单灯头型、多灯头型、长条形或高度较短的半吊灯等。吊灯外形变化多不胜数，在提供照明功能的同时，也为空间中的垂直线条增加亮点，因此应用范围极广，除了常用于客厅、餐厅、楼梯间或挂置于床头代替床头台灯，也能安装于洗手台取代吸顶灯，但需确认与镜面搭配产生的光影效果不会妨碍照镜子。

备用贴士

1 ▶ 客厅吊灯挑选建议：吊灯底部至少距地面220 cm，避免过低产生压迫感，太高又失去垂吊效果，最好依居住者身高做调整。卧室若使用吊灯，则要避免采用光照过于直接的下照式吊灯。

2 ▶ 安装用餐区吊灯前需确认餐桌位置，选择有聚光效果的吊灯，更能营造温馨用餐氛围。长方形餐桌可选用长条形吊灯或依据餐桌长度采用2到3盏并排吊灯，建议吊灯投影边缘距离桌缘20~30 cm。

3 ▶ 用餐区吊灯灯罩底部到桌面的距离建议保持在65~90 cm，或使用者坐下时，以吊灯下缘在双眼上方近头顶处为基准，避免吊灯挂置过高产生眩光等不适感，离桌面太近又会影响实际使用与视线交流。

常见吊灯材质

材质	优点	缺点
玻璃	极具现代感，透光性佳，且耐高温	易碎，需特别注意清洁问题
纸	造型、风格极具可塑性，质量轻，不用担心天花板承重问题	耐热性差，纸质易变色，易附着灰尘
塑料	造型多变，容易清洁，价格也比较亲民	质量高低不一，质量差的塑料耐热性不佳
金属	较为耐用，且可表现高贵、奢华感	会有掉色、生锈问题，且依不同金属，需考虑天花板承重问题

· 吸顶灯

吸顶灯的灯具主体以完全贴附的方式直接安装于天花板，光源则藏于玻璃或亚克力材质的灯罩里。吸顶灯的灯罩样式除了常见的简约型吸顶灯，也有造型别致的半吸顶灯（或称半吊灯）。近年来由于LED吸顶灯外形更时尚，还有遥控调整亮度、色温等功能，因此颇受大家欢迎。

由于吸顶灯有安装简易、高度适中的优点，而且不论是混凝土天花板还是木质吊顶都可以安装，不像吊灯那样有负重的问题，也不用考虑天花板高度，相对于其他灯具来说，是既简单又不容易出错的灯具款式。

备用贴士

1 ▶ 当天花板高度在2.7 m以下时，一般建议选用吸顶灯以免增加压迫感，因此天花板较低的空间譬如浴室、厨房常见采用吸顶灯作为主要照明。目前还有超薄型LED吸顶灯可选择，其缺点是光源不可替换，坏了需整组更换。

2 ▶ 以吸顶灯当作空间主灯的优点是可以明亮、均匀地散播光线，缺点是离主灯较远的角落区域会因光线无法到达而显得昏暗，因此采用吸顶灯为主灯时，建议搭配落地灯或壁灯作为辅助照明。

3 ▶ 吸顶灯的尺寸大小应与房间大小对应，如果贪图明亮感而选择过大的吸顶灯，可能会出现空间比例失衡的问题。一般建议以天花板对角线长度的1/10～1/8，作为选择吸顶灯的尺寸基准。

吊灯与吸顶灯的比较

灯具	优点	缺点
吊灯	灯具造型、材质相当多样化，而且光源均匀，若尺寸、款式应用得当，则不需增添辅助光源	安装吊灯的天花板高度至少需270 cm，灯具材质挑选需考虑到天花板承重，不适用于卫浴、厨房
吸顶灯	光源较为均匀，安装时没有天花板高度限制，安装方式简单，且适用于所有空间	无法全部照亮空间所有区域，灯具材质选择较少

空间设计与照明搭配 | De-sign studio

· 投射灯

　　投射灯，也常被称为聚光灯，是指将光线投射于一定范围内并给予被照射体充足亮度的灯具，通过调整角度与搭配不同光学设计的方式，就能创造出各式灯光情境。除了用于户外，可防水、防尘的户外泛光型投射灯，投射灯也被大量运用在室内空间，用于凸显空间重点，其中必须具备一定戏剧效果的商业空间，常利用投射灯来制造视觉变化，创造让人惊艳、吸睛的光影效果。另外，由于工业风盛行，直接裸露天花板的设计逐渐被接受，因此过去多应用在商业空间的轨道式投射灯，现在也开始出现在居室空间。

　　一般常见的投射灯形式大概可分为轨道式、吸顶式、夹灯式、嵌灯式，过去室内用的聚光型投射灯大多采用卤素灯泡，如今投射灯光源则以E27灯头的可换灯泡型与LED灯的整组型为主流。

备用贴士

1 ▶ 采用轨道投射灯可选择不做天花板，既可减少装修成本也便于日后维修，但此时投射灯外形设计就显得更重要。若要在挑高空间设置轨道灯或天花板有消防洒水头等管线干扰时，可采用牙条垂吊轨道投射灯。

2 ▶ 投射灯除了可强化空间中的视觉焦点，也能以大范围轨道式投射灯取代主灯的方式，打造空间基础照明。如果设置多盏投射灯作为主要照明，建议使用光线分布较均匀的柔光型投射灯。

3 ▶ 如果要利用投射灯凸显立体的艺术品摆设或花卉等，建议采用聚光型投射灯，会让目标看起来更为突出，但平面类壁画装饰则适合采用光线较柔的柔光型投射灯。

· 嵌灯

　　嵌灯是嵌入式灯具的简称，指全部或局部安装进某一平面的灯具，适用于所有空间。由于嵌灯可完全与天花板在同一个平面，展现平整没有多余线条的天花板，因此很适合极简风格的居家空间。一般嵌灯分为可拆装灯泡的分离式嵌灯和灯具与灯泡（或LED芯片）是一体的不可分整组式嵌灯，依照明角度又可分为固定式与可调角度式。

　　嵌灯除了适合作为局部照明，也能取代主灯作为空间基础照明，但安装嵌灯需要木质吊顶，装修预算会稍微提高，且天花板与上方楼板之间必须预留一定的空间，同时还要注意灯具散热的问题。若要用于浴室，建议选用具有防水汽功能认证的嵌灯。

备用贴士

1 ▶ 分离式嵌灯依照灯泡置入天花板的方向，可分为直插式嵌灯与横插式嵌灯。直插式的高度约为15 cm，因此建议在天花板与上方楼板之间至少预留20 cm的装灯高度；横插灯具的高度大约为10 cm，建议至少预留15 cm的高度。

2 ▶ 如果楼板偏低或不希望天花板高度降低太多，可以采用LED薄型款的整组式嵌灯，由于这种类型的嵌灯的高度只有3～4 cm，所以天花板与上方楼板间只需预留5～7cm的高度。但是整组式嵌灯的缺点是灯泡坏了需整组更换，且换灯接线会比较麻烦。

3 ▶ 俗称汉堡灯的普通圆形嵌灯尺寸众多，常见的为直径9.5 cm与15 cm的泛光型嵌灯。如果不想采用圆形嵌灯，还有方形嵌灯（又称盒灯）可选。另外，若设计得宜，长条形T5灯管嵌入天花板也能创造独特效果。

· 壁灯

　　壁灯指的是固定于墙面的灯具，通过墙壁反射光线，让原本单调的墙面产生光影及层次变化。与落地灯和吊灯一样，壁灯的光影呈现效果会因灯罩造型、材质与透光性的不同而有所改变，而其外形也会影响整体空间风格，因此除了灯具材质，在造型上也需用心挑选，如此才能融入居家空间风格。

　　壁灯的光源与落地灯相似，大致可分为上照式、下照式、上下方皆有光源以及全方位扩散式，适合安装在走廊、楼梯转角等需要加强照明的区域，以指引视线、引导动线，也常见安装在床头两侧的床头柜上，作为睡前阅读灯。若想在客厅装设壁灯，建议采用尺寸较大的悬臂可调角式壁灯，视觉上会更协调，造型上也可创造戏剧化效果。

备用贴士

1 ▶ 选用壁灯时应先确认壁面是否有可以装设壁灯的电线出口，如果没有在墙上预留电线出口，除非不计成本重新拉线埋管，不然就只能以走明线的方式装设壁灯，这样可能会影响整体美观度，因此建议装修前就应考虑好壁灯的安装位置。

2 ▶ 壁灯的合适安装高度依照使用空间与需求而有所不同，譬如床头壁灯的高度应与使用者坐在床铺时的头部高度平行，至于安装在走道或客厅沙发墙的壁灯，则应该稍稍高过使用者站立时的视线，避免出现令眼睛不舒服的眩光现象。

3 ▶ 挑高空间适合采用上照式壁灯，凸显天花板高度优势；至于面积偏小的空间则可在角落的转角处装设壁灯打亮边界，通过视觉延伸放大空间感；也可以在壁面安装悬臂灯，提供阅读照明的同时既不妨碍动线又能节省桌面空间。

空间设计与图片提供 | 湜湜空间设计

· 洗墙灯

　　洗墙灯顾名思义就是让灯光像水一样洗涤墙面的灯具，嵌灯、投射灯、壁灯、T5日光灯等都可通过投射光源在墙面创造洗墙效果。洗墙灯常用在户外，借此勾勒出建筑轮廓或作为外墙装饰照明；当洗墙灯运用在室内时，多是希望借由光晕渐层效果表现墙体质感、营造情境。不过若想让光源投射在墙上，展现绝佳的洗墙效果，重点是灯具与墙面的安装距离要适当。

　　一般来说，洗墙灯投光角度可分为由上而下、由下而上、由侧面打光三种手法，而光影在墙面上的表现形态大致可分为点状、线状、大面积均匀照明三种洗墙效果。虽说洗墙灯设计皆是利用光线与墙面投射原理，但就投光角度与灯具安排的数量、疏密不同，呈现的效果仍会略有差异，因此可先预想心目中期待的效果，再来决定洗墙灯的设置。

备用贴士

1 ▶ 设置洗墙灯的墙面以平光材质为佳，应避免采用具有反光效果的墙面材质，以免影响光晕效果。由于深色墙面会吸光，浅色墙面则会反射光源，因此墙面颜色若较浅，可适度调低洗墙灯亮度；若墙面颜色较深，则需适度调高亮度。

2 ▶ 若天花板偏低，可选择将洗墙灯置于地面，以由下向上打光的方式，通过光晕效果创造拉高天花板的视觉效果。建议每隔100 cm设置1盏投射灯，让墙面光晕更能显现层次距离。

3 ▶ 若想凸显墙面凹凸质感，投射灯应安装在距离墙面30 cm的位置；若想创造类似画廊的墙面照明效果，可使用能转动角度的嵌灯或投射灯，需注意挂在墙面的画作要全部笼罩在灯光照射范围内才能达到这种效果。

空间设计与图片提供丨構设计

· 流明天花板

　　流明天花板是指灯管透过亚克力板、雾面玻璃、彩绘玻璃等透光或半透光材料达到间接照明效果的灯具，常见的安装顺序是先选定流明天花板的大小范围，接着在天花板安装内嵌灯箱，把灯管安装于灯箱里，再覆盖各类灯板面材，看起来较为平整，也没有过多线条，在满足照明功能之外，也让空间看起来更加简洁利落。

　　流明天花板的优势是能营造大面积照明。与一般间接照明相比，流明天花板光线更均匀，而且流明天花板的下方灯板通常为活动式，方便日后维修、更换灯管，又不易藏污纳垢，打扫清理非常容易；而与嵌灯、投射灯相比，流明天花板的光线显得更加柔和，不会让人感到刺眼。除此之外，流明天花板还可利用分割线，为空间做出丰富的层次感。

备用贴士

1 ▶ 流明天花板不仅能增加照明面积，还能创造出仿佛晴天般自然的亮度，化解室内采光不足的窘境，适合用于无光照的房间以及采光不佳的厨房、浴室或空间中段区块。

2 ▶ 流明天花板的灯管与面材若距离太近会使灯管的亮线变得过于明显，因此内嵌灯箱的内部高度需要至少保留12 cm，同时灯箱内部必须全部处理成白色，才能呈现流明天花板特有的柔和、均匀的灯光效果。

3 ▶ 流明天花板的灯箱开口如果过大，建议避免使用质料偏软的亚克力面材，以免日后有变形之虞。近年兴起的聚氯乙烯（PVC）薄膜材质则不受尺寸限制，类似流明天花板的进阶版，同样能营造大面积照明，因延展性佳还可打造各类立体造型天花板。

空间设计与图片提供 | PartiDesign Studio | 曾建豪建筑师事务所

· 埋入式照明

　　埋入式照明泛指光源可直接嵌入地面、墙面或固定式家具的灯具。除了满足照明需求，埋入式照明通过光影效果还能创造视线引导或指示方向等功能。一般选择埋入式照明大多是为了收整空间线条，避免元素过多而显得凌乱；另外埋入式照明具有间接照明优点，光线较为柔和而不刺眼。

　　常见的埋入式照明包括埋入式地灯、埋入墙面的嵌墙灯、可照亮地面并增强夜间行走安全度的足下灯，还有与厨房吊柜或中空柜结合的内嵌式层板灯、柜灯等。另外，能营造出科技感的LED铝条灯不仅适用于天花板，也适合嵌入地板、壁面或家具，近几年颇受欢迎。

备用贴士

1 ▶ 部分户外用埋入式照明具有一定厚度，而且需要先安装埋入式灯盒（或称预埋盒），若计划采用此类灯具于车道、阶梯等混凝土材质建筑物，建议在设计照明时先参考建筑钢筋结构图。

2 ▶ 埋入式地灯可分为室内用与室外用。室内用的地板灯建议选择具有防烫功能认证或光源发热度较低的LED灯，避免家中成员因不小心触碰而被烫伤；此外某些埋入式地灯有负重的限制，装设前须确认之后的使用环境不会超出限重。

3 ▶ 作为夜间安全引导的足下灯常见安装于楼梯、走廊处，对于年长者的住所建议在卧室出入口到厕所之间的动线加装感应式足下灯，照度设定在75 lx以上，以提供充足但不刺眼的夜间光源。

空间设计与图片提供 | ST. design studio

照明方式

　　光源除了提供生活或工作所需的照度，借由不同照明技巧，还可凸显出空间的优点掩盖缺点，改变空间观感，若运用得宜，能塑造适宜的情境与氛围，进而影响心理感受，因此不论住宅或商业空间都应选择适合的照明方式。而根据投射角度与方式的不同，照明方式可分为直接照明与间接照明，适当加以理解与活用，便可为空间创造丰富变化，同时满足使用功能与心理感知需求。

空间设计与图片提供 | PartiDesign Studio、
曾建豪建筑师事务所

直接照明是常见的照明方式，不只可用来照亮空间，也可作为局部照明，制造凸显、强调效果。

· 直接照明

直接照明是指当光线通过灯具射出后，其中有90%以上的光线，会到达需要光源的平面，借此可达到凸显强调效果，打造空间主角，但由于光线方向单一，光处与暗处形成强烈对比，进而容易产生眩光。除了居家空间，也常见运用于需要足够明亮度的工厂或办公室这类大型商用空间，而为了改善眩光现象，通常会在灯具上加装格子状或条状的金属隔板。和直接照明相比，不易产生眩光的间接照明会让人的眼睛感觉更舒服，但间接照明容易因为亮度不足而使用更多灯管或灯泡，成本偏高，除非是强调视觉效果的商业展示空间，否则并不适合淘汰率高的商业办公空间。

根据生活中的实际使用，直接照明还可细分出半直接照明。所谓半直接照明，是将半透明材质的灯罩，罩在光源的上半部，这种设计让直接投射在工作面的光线比例变少，部分光线透过灯罩向上扩散，光线因此变得柔和，而向上扩散的光线，打向天花板可制造出拉高的视觉效果，除了为整个空间增添温馨、舒适感，更能提升空间品质。

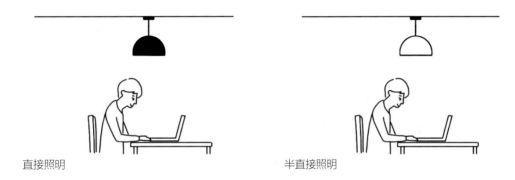

直接照明　　　　　　　　　　　　　　　半直接照明

间接照明讲究的是以反射光源来营造空间独特氛围，光源柔和，不易让人感觉刺眼，适合照度需求较低的空间。

空间设计与图片提供 | ST design studio

·间接照明

间接照明是不将光线直接照向被照射物，而是借由天花板、墙面或地板的反射，制造出一种不刺激眼睛且较为柔和的照明氛围。间接照明的做法，一般是将灯管或灯泡设置在凹槽内，视觉上见光不见灯，因此空间看起来更为利落、美观。由于是通过反射，散发出来的光相对柔和，可营造出令人放松的氛围，所以着重塑造氛围的空间，大多以间接照明来为空间氛围加分。除此之外，当光线投射在天花板、墙壁上时，便可借由光源彰显室内空间特色，空间因此成为主角，如此一来可减少使用灯具装饰，展现空间的简洁、利落感。

间接照明可再细分出半间接照明。所谓半间接照明是将半透明灯罩装设在光源下方，此时大部分光线会向上投射在天花板，再经过天花板反射形成间接照明，少部分光线则会透过灯罩向下扩散。由于大量光线投射在天花板，可制造出拉升挑高的视觉效果，因此很适合应用在净高不足的空间，或玄关、过道等狭隘区域。

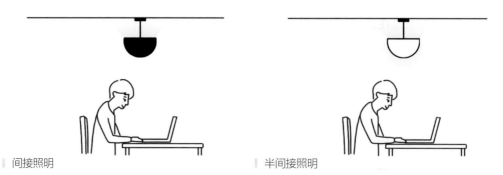

间接照明   半间接照明

间接照明常见做法如下:

① 光源往下照

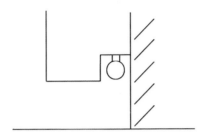

这种设计手法常见于玄关,做法是将鞋柜或穿鞋椅悬空,将间接光源设置在柜体后方灯槽,主要具有照亮、引导功能。

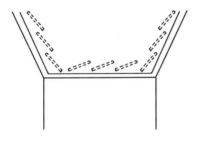

同样是让光源往下照的方式,以应用在天花板为主。在天花板将灯具交错排列,灯管与灯管之间需部分重叠,以免产生断光。虽说光源集中在墙上,但这是借由天花板暗墙与亮面的明暗对比来凸显天花板,并可营造出天花板悬浮的效果。

② 光源往上照

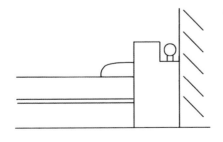

卧室属于低照度空间,是最常采用间接照明的区域。在床头柜常见设置有间接照明,这种做法是将光源引导往上照射,既满足照度、氛围需求,又能避免直照床铺影响睡眠。通常是在床头柜做凹槽放置灯管。

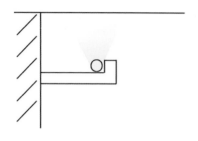

这是最常运用在天花板的间接照明手法，在墙面做灯槽，让灯槽里的光源往上投射光线经天花板反射制造间接照明，由于光集中打在天花板上，因此也有拉高天花板的效果。

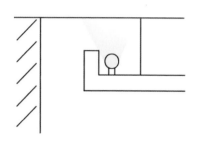

天花板常见间接照明设计之一，此时灯槽里的光会先投射在天花板再反射到墙上，光集中处的墙面是强调重点，这种设计是间接照明设计里亮度最暗的一种。

· 漫射照明

　　漫射照明通常是利用半透明灯罩，如乳白色灯罩、磨砂玻璃罩，将光源全部罩住，让光线向四周扩散漫射至需要光源的平面。由于光线透过灯具产生折射效果，因此不易有眩光现象，而且光质柔和，视觉上会比较舒适。

　　漫射照明虽然照明范围比较大，但因为光视效能较低，很适合用来营造空间气氛，因此适用于卧室、客厅等强调

漫射照明

舒适、放松感的空间。若感觉亮度不足，通常会再以壁灯、落地灯等做亮度加强。另外，若想制造特殊的视觉效果，也可以采用漫射照明，利用光线成360°漫射，来创造出独特、迷人的光影。

虽然光视效能低，但漫射照明可以提供舒适柔和的光线，是一种适合强调情境、氛围的照明方式。

空间设计与图片提供 | 构设计

照明方式比较

照明方式	优点	缺点	典型灯具
直接照明	光线集中在下方，需要光源的平面可得到充分照度	由于亮度较高，容易形成明暗对比，让眼睛疲劳，且易形成眩光	筒灯、台灯等
半直接照明	照明直接，照明范围较大	光线多集中在下方，虽说空间能得到一定照度，但容易产生阴影、暗角	吸顶灯、吊灯、落地灯等
间接照明	光线集中在上方，光线分布均匀，适合用于营造气氛	亮度较弱，若想达到一定亮度，需配置辅助光源，或增加灯管、灯泡数量	吊灯、落地灯、壁灯等
半间接照明	光线集中在上半部，因此会产生反射光	照明范围虽然大，但亮度偏弱	吊灯、落地灯、壁灯等
漫射照明	照明范围大，光线柔和，不易产生眩光	亮度有时会略显不足	吊灯、球形灯等

空间设计与图片提供 | 实适设计

照明的配置

　　灯光美、气氛佳，从这句话就能看出照明有多么重要。了解光源种类、照明方式之后，即要考虑各个空间的照明配置，而灯光是营造居家、商业空间氛围的辅助工具之一，包括灯具的搭配、灯色的选择。多用途的客餐厅、用于休息睡觉的卧室，每个空间的照明与心理需求不同，也影响了动线安排与开关位置，还要考虑照明的节能问题，减少不必要的能源浪费。照明配置做对了，无论白天还是夜晚都会很舒服。

空间设计与图片提供 | 实适设计

· 主照明（普照式光源）

主照明简而言之，就是负责大空间照明所用的光源；相对地，重点照明是负责局部小地方照明。从灯光设计的理论上来说，光源可分为普照式、辅助式与集中式三种，决定每一个空间的灯光个性的第一种光源就是普照式光源（General Light）。全面照明是让照明范围几乎呈现均一状态的照明方式，包含白天的自然采光，都可视为整个室内空间的基本照明。

普照式光源就是所谓的背景照明所用的光源，天花板灯通常就是普照式光源，也称为背景灯。作为一室之内的主灯，主要是将室内提升到一定亮度，通过装在天花板的吸顶灯或吊灯，让光线均匀地充满整个空间，因而不会产生明显的阴影，即便光线不能直接照到的地方，也不至于产生明显的对比。

就普照式、辅助式与集中式光源的比例而言，最佳的黄金比例为1：3：5，普照式光源需要与家中其他光源一起运用，相对地亮度最低，尤其是客厅的主灯还必须考虑电视屏幕反射，甚至可直接以间接照明替代。

1 照明的基础知识

空间设计与图片提供 | PartiDesign Studio、
曾建豪建筑师事务所

· 辅助照明（辅助式光源）

相对于普照式光源的平均空间照度，辅助式光源就是局部照明，以部分打亮的方式为空间提供照明，可视为重点照明。由于集中式光源的照度很大、亮度较高，眼睛长时间处于这种环境下，容易感到疲劳。而辅助式光源为散状光线，光线能照到室内各个角落，如落地灯、书灯能调和室内光差，让眼睛感到舒适。一般来说，具有散射光线的灯适宜搭配直射灯一起使用。

辅助式光源主要目的是增加光影层次，引导动线。欧美住宅室内少有主灯，多数是以落地灯、台灯等可移动式的灯辅助。如果辅助照明已能提供足够的照明，其实就不需要设置普照式照明了。

另外，辅助式光源也可达到营造氛围的目的。例如客厅沙发旁，可选用外形美观的落地灯做点缀，或在壁面安装造型精致的壁灯，在天花板使用嵌灯也是常见手法。而不同于早期投射聚光灯都是卤素灯，现在灯具大多使用LED灯，可明显减少电能的浪费。

· 重点照明（集中式光源）

在住宅之中需要进行充分亮度下的视觉作业时，多半采用辅助照明，而集中式光源发出的是直射光线，灯光运用于某一限定区域内，以便看清楚当下进行的动作，如聚光灯、轨道灯、工作灯、阅读灯等。这类灯饰多半会搭配灯罩，灯的位置与灯罩的形状将会决定光的方向与亮度。

一般在聚精会神从事特定活动，如化妆、烹饪、用餐或阅读时，或为绘画做重点式的照明、用聚光灯凸显盆栽以营造展演效果时，就需要如舞台镁光灯般光量充足且能够集中的光源，也就是有功能性导向作用的光源，所以集中式光源通常视个人需求来决定是否使用。

　　玄关壁龛结合嵌灯打造为一处艺术品展示区，卧室的床头灯选择壁灯或吊灯集中照明。现在很多厨房都会设计中岛台面，无论是将其当作餐桌还是料理台使用，都相当方便，在中岛台上加强照明，如安装投射灯或吊灯，一方面提供重点照明，同时也营造出情境氛围。甚至挑高空间中在夹层装设轨道灯，补足挑高楼层的亮度，也属于集中式光源的灵活应用。

空间设计与图片提供 | ST design studio

备用贴士

1 ▶　空间照明要先决定最重要的普照式光源，再依照生活方式和活动来安排分配功能性光源，但若基本照明过亮，则无法制造出光影层次。

2 ▶　灯具配置数量，通常是：普照式光源<情境式光源<功能性光源。一个空间里主要的普照式光源只会有1到2盏，决定了空间光线的颜色和亮度；进一步思考有哪些重点区域必须用功能性光源加强聚焦，例如在客厅里，柜体、画作、艺术品或阅读的角落；最后铺陈情境式光源，如营造沙发区的柔和氛围。

3 ▶　普照式光源是整个室内空间光线的主要来源，包含白天的自然光、大范围照明的主灯，皆可视为背景照明。由于照明是情绪性的设计，因使用者的不同而有不同的主观需求，例如有人偏好均亮的空间感，有人喜好明暗反差大的空间，应先整合设定常用的情境，才能针对不同时段与功能，让灯光表情到位。

空间设计与图片提供｜十一日晴空间设计

·适宜灯具与光源规划

一般而言，工作区比较适合用灯泡，其发出的是色温约5000K的白光，白光显色较真实，趋向太阳光，照射对比较大，作为环境光源较明亮清晰；休闲区适用色温约3000K的黄光，黄光给人一种温暖的感受，适合营造氛围。

但是不能简单地说白光好或黄光好，还是以个人视觉感受为主，而且照明趋势也逐渐个性化，主要是创造适合自我的照明空间，而不再是套用单一模式。

玄关是住宅门面，整体而言不需要太亮，宜采用间接照明；相反地，楼梯、走廊是移动空间，要以安全性为第一要素，需要能见度高的光环境；厨房同样是整体空间都需要光亮的场所，可采用色温较高的光源；至于餐厅选用低色温且高显色性的光源，有助于营造气氛。

客厅是用途非常多的场所，如看电视、读书、家庭聚会等，也是最能享受光线乐趣的空间，提升整体空间明亮感的主照明与满足桌面操作的局部照明，两者应分别考虑；卧室是重视气氛更胜于亮度的场所，不宜过度装设照明，色温低的光源可用于需要间接照明的区域。

备用贴士

1 ▶ 客厅通常会装设辅助照明，应根据日常活动选择照明模式，全面照明适合使用间接照明或吊灯，主导整体空间明亮度，搭配装设在天花板的嵌灯达到扩散配光的目的，并在局部利用落地灯、聚光灯等，营造空间深度与亮度，凸显光线重点。

2 ▶ 厨房讲究功能性，加上收纳配置，宜装设光线范围广泛的嵌灯或吸顶灯，尤其嵌灯埋入柜体下方显得利落。对于餐厅要让食物看起来美味，营造愉快用餐的光环境，适合悬挂吊灯，其多数光线往下方照射，为了避免眩光，可采用附有灯罩的灯具设计，或悬挂数个小型吊灯，打造富有韵律感的空间。

3 ▶ 通常卧室是不需要明亮感的场所，切忌在天花板上过度装设照明，而要利用壁灯、落地灯等降低光的重心，照明器具要放在卧床时不会感到刺眼的位置。床边可选用可调光类型的桌灯，脚灯可作为夜灯使用，在深夜起身时使用相当方便。

空间设计与图片提供 | 十一日晴空间设计

·开关切换与动线安排

灯光设置要进行整体思考，一方面在于提升光环境质量，另一方面在于在达到照明需求的基础上降低能耗，这才是未来照明设计的趋势。照明路线最好能够综合考虑动线安排，并适当地分配灯光回路，赋予空间灯光情境多元变化，例如多切开关设定，可切换不同的亮度，选择只亮1盏灯、半亮或全亮，抑或开关切换主要照明及间接照明，使空间灯光表情层次更丰富。

开关的设置需要考虑到生活动线，设置在不需进行多余动作的地方。公共空间建议用多切式回路，移动时可随手关闭空间不使用的光源，省去来回奔波。阶梯和走廊可采用三路或四路开关。建议在玄关安装人体感应灯，不必一进门就找开关，同时也能节省电费。

进到卧室就是准备就寝了，灯光配置相对简单，所以卧室开关可采用双切式回路，分别在床头或门口便于切换。由于卫浴间环境较潮湿，最好选择有防潮防水功能的开关面板，防止漏电等意外事故发生。

备用贴士

1 ▶ 评估控制器与开关，必须选择实行细微亮度调节的区域，如客厅、卧室，选用可调光的器具来做调光控制。现代人偏好客餐厅开放设计，公共空间开关最好采用多切式回路，阶梯和走廊规划三路或四路开关，卧室开关至少是双切式回路。

2 ▶ 近年广泛使用的动作传感器，只在必要时提供照明，灯具使用有效期更长，还可设定开关灯时间以免忘记关灯，达到节省能源的目的，例如在玄关可设置人一进门即自动启动开关的照明，当人离开时便自动关闭，或室内脚灯当作夜灯，深夜如厕时提供辅助照明，对有高龄长辈的家庭更有安全保障。

3 ▶ 为了使用方便，除了卧室，所有照明开关一般建议安装在高度1.3~1.4 m处最合适，也就是人手肘的高度。设计卧室照明开关，床头开关位置比床头柜高15~20 cm即可。

空间设计与图片提供 | PartiDesign Studio、曾建豪建筑师事务所

2

家居空间
照明设计

玄关

Entrance

空间设计与图片提供 | PartiDesign Studio、曾建豪建筑师事务所、谧空间研究室

　　玄关不仅是正式进入居家空间的缓冲地带，也是客人来访时对空间产生初步感受的地方。玄关虽然空间不大却隐藏不少灯光功能，如衣帽间、鞋柜及端景等都有不同的照明需求。另外对亚洲地区的人来说，玄关也是空间中特别讲究人居环境学的地方，因此要留意一些玄关照明原则，让进出家门时顺手又顺心。

原则 **1**

功能照明让进出家门更便利

玄关是进出家门的过渡区域，照明的主要功能多是为穿脱鞋子及整理仪容提供照明，不需太长的照明时间。从目的性来看，可以在入口处及进入客厅的两个端点规划双切开关或者安装感应式开关，方便一进入玄关区域就能实时提供照明，若选择感应式灯具建议选用有设定时间与感应范围功能的。

原则 **2**

依区域规模选择灯饰大小

玄关也是来访客人进入家门后对家产生第一印象的地方，因此在规划灯具时除了照明功能之外，可运用造型灯具为空间增加特色。不过选用时需先评估空间大小，面积比较大的，可选用体量较大的吊灯达到兼顾照明和装饰的目的；若是小面积的，适宜选用造型简约的吸顶灯或壁灯，避免让人产生压迫感。

原则 **3**

运用柔和色温营造舒适感

居家空间讲求舒适，即便是短暂过渡的玄关空间，色温选择也不宜过白，白光会让人进门时感觉刺眼不舒服，选用2800～4000K的色温，会使人感觉空间更温馨，而且亮度也足以照亮玄关。如果空间较大，除了运用光线柔和的主灯营造气氛，也可以搭配亮度较高的嵌灯作为辅助光源，使整体区域更明亮。

空间设计与图片提供 | ST design studio

原则 4

保持明亮光线引来好心情

以人居环境学来说,光线不足属阴,光线充足便属阳,出入家门的玄关通称为"明堂"。玄关处的光线一定要充足,光线太过昏暗可能影响心情。从生活的角度来看,明亮的光线也容易让人感觉家里有朝气。造型上则以象征团圆、圆满的圆形,或者象征方正平稳的方形为首选。

原则 5

鞋柜内嵌灯光引导视线

进出门玄关处多会搭配鞋柜做收纳,落地柜可在柜体中段做内凹平台设计,除了便于摆放小物,还可搭配内嵌光源,作为玄关辅助光源之一。若是悬吊柜,则可在下方设计内嵌灯光,让柜体变得轻盈,同时也具有指引客人进入客厅的引导作用。

原则 6

复合光源增加空间立体感

即使玄关空间不大,也可结合情境及功能照明,如柜体上下方以间接照明打亮天花板及壁面,再利用投射灯聚焦玄关端景等重点区域,让泛光和聚光相互融合的光影层次增加空间的立体感。

空间设计与图片提供 | 十一日晴空间设计

经典壁灯强化氛围

玄关入口处利用瓷砖铺面做出落尘区，白色横拉门内隐藏着储藏室与鞋柜，白色立面上端运用等距排列的投射灯创造洗墙般效果，特别选用品牌灯具，单盏投射光源即可实现良好的亮度与显色性。右侧墨绿色硅藻土壁面上设置1盏来自英国的"Anglepoise Original 1227"台灯，强化气氛并隐喻"欢迎回家"的含义。

| 使用照明器具 |
投射灯、壁灯

用色彩与灯光赋予空间独特格调

留法服装设计师的家，鲜艳的重彩度色彩是强化量感的重要推手，入口与客厅的交界处利用居家空间少见的孔雀蓝饱和色调铺陈，结合具有通透视感的金属网孔材质。由于此处光线明亮，照明规划上仅配置嵌灯，在夜晚提供适当的亮度。嵌灯配置间距为100～120 cm，色温3000～3500 K，部分也作为展示柜的辅助光源。

| 使用照明器具 |
嵌灯

| 使用照明器具 |
吊灯、轨道灯

螺旋灯泡创造话题性装饰

利用已有格局形态规划出玄关功能，为了让天花板更简洁，舍弃繁复装饰，从梁边拉出1条轨道灯延至客厅，成为客厅区次要光源，烘托氛围。而玄关焦点照明来自螺旋造型灯泡吊灯，其线条灵感来自羽毛，末端张开如羽毛飘落姿态，比起传统钨丝灯泡不仅亮度足够还节能，造型更具装饰效果。

少量光源营造回家安稳气氛

由于玄关位于自然光难以到达的位置，因此在光源规划上，不刻意强调空间明亮感，反而使用少量嵌灯，并以3000K黄光搭配灰色雾光立面，营造出幽暗却具沉淀心情效果的氛围。不采用普照方式，而是做局部重点投射，借此凸显鞋柜、画作，达到聚焦艺术品且方便使用鞋柜的目的。

| 使用照明器具 |
嵌灯（7 W/3000 K）

光源集中投射凸显风格

两层楼的住宅中，应房主对工业风的喜好，玄关入口以水泥砂浆粉光地面打造，配上镀锌钢板造型壁面，受空间纵深尺度限制，以瑞典经典收纳家具"String Furniture"取代一般鞋柜。由于白天采光条件甚好，玄关配置小尺寸嵌灯，此款式投射角度较小，让光源集中投射在地面，带来戏剧性氛围。

| 使用照明器具 |
嵌灯

小尺寸嵌灯提升精致感

纯净白色搭配温润的木地板，入口鞋柜特意采用悬空抬高设计，既可收纳扫地机器人，也能放置室内拖鞋或常穿鞋，解决凌乱问题。玄关主要照明来自天花板嵌灯，选用5 cm的精致尺寸，有如繁星般点点发光，甚为别致。另外镂空区域则是于上柜下方后侧藏设LED灯条，提供均匀照明，作为夜晚时的辅助加强照明，也让空间更有层次。

空间设计与图片提供 | 十一日晴空间设计

空间设计与图片提供 | 渥滩空间设计

基础黄光营造温馨感

根据房主的收纳需求，在玄关规划了衣帽间，主人在进（出）门时，皆可在衣帽间完成衣物收纳或外出造型，玄关单纯作为落尘区。玄关面积不大，且纯属过渡空间，只简单安排2盏直径6 cm的嵌灯作为基础照明，并采用光线柔和的3000 K黄光，借由温暖光源，让人一回家就能感受到被温馨与放松感包围。

空间设计与图片提供 | 构设计

空间设计与图片提供 | 构设计

聚焦六角灯营造端景

玄关以1盏特别设计的六角灯营造重点照明，其用铁件制作而成，与地板六角砖相呼应，达成整体风格的一致性。玄关入口窗户处加设一排穿鞋椅，在六角灯的微弱亮度照明之下，正好形成一面端景。鞋柜采用悬空设计，30 cm的悬空高度，可将客厅落地窗外的光线引入玄关。

激光切割表现剪纸艺术光影

设计师考虑到玄关空间大,反向思考将玄关当作画廊空间设计,但若用投射灯了无新意,因而将楼板挖空,使用激光切割铁板,加上强化玻璃,抬头望去满是透视的空间感,只要楼上的休息区开灯,就会制造出楼下的光影效果。玄关墙面挂画类似剪纸艺术的表现手法,增强了玄关的趣味性。

轻透造型灯提升设计感

照明规划会根据整体空间风格而定,白灰色调配上些许木纹的现代都市型住宅,在维持原有玄关入口的高度优势之下,舍弃天花板包覆设计以及传统基础灯源配置概念,改为搭配造型灯具,轻透感十足的玻璃材质符合室内格调,在视觉上更具设计感。

空间设计与图片提供 | 十一日晴空间设计

空间设计与图片提供 | 木介空间设计

穿壁引光消除玄关阴暗感

玄关以几何图形地砖与镂空造型柜打造活泼印象，并以垫高地板与客厅区串联。此区域天花板虽仅有2盏直径7 cm的嵌灯，但柜体后方可以通过玻璃引进书房的自然采光，且客厅电视墙上方的轨道灯光线，也会略为散射至玄关，因此无须担心玄关晦暗，反而别有一番风情。

| 使用照明器具 |
嵌灯（LED灯泡，9 W/3000 K）

| 使用照明器具 |
间接照明灯具（T5灯管，
9 W/3000 K）、嵌灯（LED灯泡，
9 W/3000 K）

精准配置让入门光照柔和温暖

玄关右侧以一个双向使用的栓木皮板柜，满足收纳的实际需求，地面则以黑色瓷砖铺陈，让内外区域有所区分。考虑到玄关区属于暂留空间，且天花板只有240 cm高，因此仅在天花板中段规划2盏直径7 cm的黄光嵌灯，搭配栓木皮板柜内凹处上缘的间接照明，让入门照明精确到位又不失柔和温暖。

空间设计与图片提供 | 木介空间设计

空间设计与图片提供 | 分•寸设计

自动感应灯引导动线

玄关空间属于长型格局，为避免空间看起来过于狭长，悬空抬高的柜体结合内嵌式穿鞋椅，让过道更有变化性。柜体下端则设置LED感应灯，当主人返回家后即自动开启光源，作为引导动线与收纳衣物等时使用；天花板嵌灯则扮演情境式氛围营造与亮度辅助的角色。

| 使用照明器具 |
嵌灯、LED感应灯

壁龛嵌灯打造艺术展示空间

由于玄关空间很小，通过整面灰镜放大玄关视觉空间。进门处结合壁龛设计，摆设艺术品，内凹处装设直径1.5 cm的薄型嵌灯，并选用暖黄光。相对于深蓝色烤漆木皮的玄关主色调，壁龛灯光成为一个亮点所在，光影渐次铺陈氛围，同时也加深玄关的视觉感。

| 使用照明器具 |
薄型嵌灯

| 使用照明器具 |
嵌灯（8 W/4000 K）、投射灯
（8 W/4000 K）、间接照明灯具

多重光源配置提升明亮度

整体空间材质与用色偏沉稳格调，以不同材质划出的玄关区域，仍以黑白灰为主色调，且由于距采光面较远，偏重色调容易让玄关显得昏暗，因此除了天花板装设2盏嵌灯，还在鞋柜下方、柜体内凹端景配置了间接光源、投射灯，借由三种不同光源配置构成玄关主照明。针对空间偏重色调，特别选用4000K的暖白光来增添空间明亮感。

空间设计与图片提供｜合砌设计

感应性装置节能又便利

玄关地面采用地砖，与室内做出区隔，而从电视墙延伸成有如屏
风的立面设计，让玄关更具独立感，立面以特殊涂料做涂刷，
营造出的石材质感丰富了空间元素。考虑到玄关多是短暂停留
的空间，设置了4盏感应式灯具，使用上更为便利，也相对比较
节能。

｜使用照明器具｜

感应灯

（8W／4000K）

客厅

Living Room

空间设计与图片提供 | 十一日晴空间设计
合砌设计

客厅是一家人相处时最常停留的休憩空间，也是亲朋好友相聚的场所，我们会在客厅看电视、聊天、看书、和小朋友玩游戏，因此客厅照明在居家照明设计中扮演着非常重要的角色，不但要灯光美、气氛佳，还要兼顾功能与装饰性，以便顾及在客厅的一切活动需求，尽情享受与亲友共处的每一刻。

原则 1

做好基础照明

客厅先从打底的基础照明开始，从字面意思就可以理解，基础照明只需要照亮整个客厅空间，不需要过于强调功能，因此可以选择光线柔和的吊灯作为空间的视觉焦点，再搭配均匀分布于天花板的点状光源，就可以根据亮度需求控制不同区域的光源。

原则 2

增加灯具照度来提升亮度

由于会在客厅进行各种不同的活动，当基础照明的亮度不够需要提升客厅整体亮度时，不建议单独提高主灯的光源照度，这会使主灯周围过亮而亮度不平均，最好在适当增加主灯照度的同时，也增加立灯、投射灯等其他辅助光源的照度，这样整个空间的亮度才能更为均匀且有灵活调度的弹性。

原则 3

无主灯照明强调光源搭配

越来越多的居家空间采用无主灯照明设计，就是客厅不安装吊灯或吸顶灯等照明主灯，而是以间接照明、投射灯、辅助灯搭配的方式来构成客厅照明。由于无主灯照明多是隐藏式，因此必须配合吊顶设计，其光视效能也没有主灯照明高，不过优点是空间感更为开阔利落，层高不够高的空间很适合采用这种光源设计。

原则 4 角落立灯点亮空间表情

想让客厅空间更具层次感的话，除了功能性照明外，还需搭配重点照明。例如可以在电视柜角落配置立灯做装饰，缓解电视机画面与电视墙亮度差产生的视觉疲劳；喜欢在沙发阅读的人，可以在沙发区域增加光线柔和、照度充足的小台灯或立灯，补足阅读所需的照度，也让光线和灯饰营造角落风景。

原则 5 运用重点照明为焦点打光

通常会在客厅的沙发背景墙、展示柜等区域布置挂画或艺术品。为了展现画作、艺术品的装饰性效果，引导来访客人的视线聚焦于作品，可采用能任意调节照射角度的轨道灯，因为轨道灯有光源集中、引导、聚焦效果，且可依空间风格选择外露灯轨，或将灯轨隐藏于天花板中。

原则 6 轻松暖白光营造温馨气氛

温馨舒适的光线才能让人感到心情愉快，因此客厅照明色温适用3000～4000K的暖白光。除了有工作需求的区域需特别搭配功能性光源外，结合客厅、餐厅及厨房的开放式公共空间，建议全室统一色温比较理想，让眼睛不需每次进出不同空间都要重新调整适应，从而避免眼睛产生疲劳感。

空间设计与图片提供│一日晴空间设计

经典设计打造现代洗练氛围

考虑到孩子们的生活习惯，客厅刻意不设电视墙，布设一大面展开的"606 Universal Shelving System"书架，收纳孩子们可随时拿取的书籍。将避开投影仪的天花板环绕轨道灯作为客厅基础光源，并在经典款书架上端规划"Anglepoise Original 1227"台灯的经典灯具，增添光源层次，成就空间的现代洗练氛围。

空间设计暨图片提供│ esign Studio · 曾建豪建筑师事务所

空间设计与图片提供©□□□空间设计

可调角盒灯使客厅区更利落

| 使用照明器具 |
盒灯（LED灯泡，15 W/3000 K）

原为四室两厅两卫的格局，经调整后改为一室一大厅的空间。格局大动后，顺应原本灯具出线孔方向，设置了四盏可调整角度的盒灯，一来天花板不需维持原有高度，二来块状的灯具造型可减少轨道线条，使开放式公共区更清爽。

| 使用照明器具 |
盒灯（LED灯泡，9 W/3000 K）、
轨道灯（LED灯泡，9 W/3000 K）

可调角光源让客厅区格调升级

客厅区舍弃茶几让整个空间更宽敞，电视墙以铁件特殊处理成生锈的质感，并刻意将梁漆成灰色，使整体视觉效果更具个性。由于客厅采光极佳，因此以内嵌型轨道灯条增加利落感，搭配2盏可调角盒灯打亮地板，让光成为愉悦心情、烘托气氛的主角，内敛大气的格调也就油然而生。

空间设计与图片提供｜谧空间研究室

用多光源改变空间的日夜氛围

开放式客厅区与书房连接，梁上配置轨道灯具，弱化了梁的存在。左右两侧立面则运用不同间接手法创造富有层次的光源效果，右侧书墙上端打造扩散型温暖光晕效果，左侧电视墙则利用墙与梁间的落差做出线性光带，加上墙边特别配置与混凝土墙面形成对比的红铜吊灯，让角落更有气氛。窗下的嵌灯则肩负夜晚提升阳台亮度的功用，结构柱也精心选用法国"GRAS N° 214"升降悬臂壁灯，加强客厅、书房阅读照明。

｜使用照明器具｜
嵌灯、间接照明灯具、轨道灯、吊灯（红铜灯罩）

空间设计与图片提供｜实适设计

重点照明凸显墙纹、烘托气氛

整体空间以不同深浅度的木材做开放式设计，从玄关开始，通过宽窄不一的立面勾缝，在客厅区以石材、拉门皱褶及灰黑墙色铺陈，创造观感变化。刻意选用照明角度较大的嵌灯作为重点照明，既可凸显墙面线条，也能用较少数量的灯具兼顾照度安排。此外，两侧天花板的高低差加上层板灯间接照明，也有助于拉高视觉空间、强化照明层次。

| 使用照明器具 |
嵌灯（LED灯泡，8 W/3000 K）、
层板灯（T5灯管，28 W/2700 K）

空间设计与图片提供 | PartiDesign Studio、谧空间设计

轨道灯带呼应连续面设计

长型住宅在整个公共区规划上，以全开放式格局引入更多自然光并放大视觉空间。电视墙采用悬空木皮柜搭配围墙砖做连续面铺陈；沙发背景墙做隐藏式设计。为呼应设计特质，将两条灯轨和空调出口整合在天花板上创造简洁线条，同时保持亮度调整弹性。边角安排1盏可上下调整角度的立灯，不论用于照明补强还是气氛营造，皆是很好的辅助器具。

| 使用照明器具 |
轨道灯（LED灯泡，10 W/3000 K）、
立灯（LED灯泡，25 W/2700 K，
雾面金属烤漆）

空间设计与图片提供 | 分子室内装修设计有限公司

错落排布让光线均匀照亮空间

与天花板结合的流明天花板设计，最能展现天花板
的平整利落。将流明天花板从客厅延续至餐厅，刻
意设计成长短不一的长条造型，并采用随机错落排
布，化解了整齐划一的单调感，同时又能确保光线
均匀照射，满足每个空间的照明需求。由于流明天
花板范围涵盖两个空间，大面积的灯光设计极具视
觉效果，因而成为空间视觉焦点。

| 使用照明器具 |
流明天花板

空间设计与图片提供 | 构设计

| 使用照明器具 |
嵌灯、轨道灯、
壁灯（鹿头造型）

天空蓝明管嵌灯清新自然

在不做天花板的前提下，设计师采取薄钢导线管（EMT）明管设计嵌灯照明，加上空间格局重整，引入光线创造明亮通透环境。房主希望将灯光管线漆成天空蓝，营造舒服、闲适的居家情趣。而沙发后方的书桌上方安装工具灯与轨道灯，书桌背景墙内凹嵌入一排LED灯，另在墙面装饰1盏鹿头造型的壁灯，兼顾功能与情境氛围的营造。

造型吊灯营造亮点、平衡设计

建筑屋顶是中间高两边低的山形铁皮屋顶，故顺应原有屋顶造型，公共区利用架高手法，将和室地板与用餐区座位统合，侧边格柜面积不小，在整个空间体量感较为厚重的情况下，搭配多线条的深色吊灯，达到聚焦与平衡设计的目的。嵌灯除提供基本照度外，也点出空间重点，搭配天花板两侧间接照明营造出飘浮感，更让空间有高挑的感觉。

空间设计与图片提供 | 谧空间研究室

| 使用照明器具 |
嵌灯（LED灯泡，
8 W/3000 K）、层板灯（T5
灯管，28 W/2700 K）、
吊灯（LED灯泡，
10 W/3000 K，金属烤漆）

2 家居空间照明设计

空间设计与图片提供 | 湜湜空间设计

黄光柔化黑白分明的冷硬感

空间主要照明选择灵活度高的轨道灯，并采用适合居室空间的3000K的黄光，利用黄色光源来暖化黑白色调的冰冷感。另外从天花板的镀锌管延展出一个弧线灯具，造型吸睛，同时也可作为空间辅助光源。除了基础照明，特别拉出一条与空间轴线平行的灯条，为极简空间制造视觉亮点，也为整体照明增添更多层次。

| 使用照明器具 |
轨道灯、硬式灯条

收整管线展现空间极简利落之感

天花板没做封板设计，且空间是具有多重功能的开放空间，因此在光源规划上，采用灵活、可弹性调度的轨道灯作为公共领域照明，灯具管线经过收整并采用"日"字形环绕，不仅在视觉上显得干净利落，同时可兼顾到每个区域的照明功能。另外在书架附近增设1盏吊灯，加强阅读照明，特别挑选的别致造型则具有装点空间的效果。

| 使用照明器具 |
轨道灯（7 W/3000 K）、
吊灯

空间设计与图片提供 | ST design studio

空间设计与图片提供｜分子室内装修设计有限公司

定制灯具制造视觉戏剧效果

整个空间最引人注目的就是天花板的独特设计，除了刻意以深木色来呼应空间沉稳格调外，将梁柱结合格栅设计，使原本平淡无奇的天花板成为空间视觉重点。除此之外，还特别定制了一个大型弧形灯具，并利用内嵌光源，引导视线向上注意天花板设计细节。另外，在格栅天花板装设嵌灯，以补足空间光源，为空间提供足够的亮度。

｜使用照明器具｜
嵌灯、LED灯

紫蓝光营造专属家庭影院

房间主要用于招待客人，是特别注重家庭娱乐功能的休憩空间。在天花板均匀照明之下，可随使用需要分段开灯，书柜上方搭设的一排轨道灯，补足了书柜照明。灰紫色的窗帘加上电视机的蓝光，以及铁件造型的茶几灯，看电影时，营造出的紫蓝色灯光氛围别有情调。

空间设计与图片提供｜构设计

｜使用照明器具｜
嵌灯、轨道灯

空间设计与图片提供｜温湿空间设计

投射光源制造洗墙效果

吊顶若齐梁封顶，会因净高过低而有压迫感。改为木质弧形吊顶后，既达到了修饰的目的，又不影响净高。空间灯光配置，除了作为基础照明的轨道灯，还有作为间接照明的环绕弧形吊顶的软式灯带，利用光线投射凸显梁柱、窗帘质感，尤其可在整面落地窗帘上形成洗墙效果，强调绒布的光泽感，展现华丽美感。

空间设计与图片提供｜实适设计

灯具、家具陈设创造自我风格

将原本没有餐厅、客厅又狭小的空间重整布局，为满足房主一人居住的自由需求，隔间完全敞开，原有的梁柱结构特别突兀，加上房主不喜欢固定的物件，因此利用灯具、家具陈设让空间多一些层次与变化，例如与大梁结合的轨道灯削弱了梁的存在感，梁柱上配置了2盏法国"GRAS N°213"壁灯，让主人可依需求、用途做调配，当2盏并排时则成为餐厅主灯。

空间设计与图片提供｜构设计

"冂" 形照明补足挑高楼层亮度

在楼高6 m的条件下，屋顶光源会很微弱，因此设计师在夹层栏杆、书柜上方、窗帘盒下方，都铺设了轨道灯，也就是以书柜为基础，在2.5 m高度处围塑成一个"冂"形照明设计，以补足挑高楼层的亮度。虽然整面窗采光面很大，足以满足白天照明需求，但若晚上在客厅看书，就需要功能性嵌灯来集中光源。

│ 使用照明器具 │
嵌灯、轨道灯

空间设计与图片提供 | 分子室内装修设计有限公司

隐藏光源设计，强调极简风格

为了凸显空间简洁利落的线条，加上空间原始采光条件良好，因此舍弃常用造型主灯，选择在梁柱里暗藏暖白色灯带做间接照明，并搭配在电视墙层架里的间接照明，来作为整个客厅的基础光源。在沙发旁增加1盏立灯作为辅助光源，由于其以装饰性为主，因此选用外形高贵典雅，且兼具边桌功能的灯具，既满足了实用需求也成功地制造了视觉亮点。

间接照明的柔和灯光营造居家温暖氛围

整个空间拥有来自两面的自然采光，显得格外明亮，因此在光源的安排上，不以照亮为目的，选择以间接照明作为空间主要光源。而由于其呈L形环绕客厅，因此光线可均匀抵达客厅每个角落，满足基础照度需求，同时也为简约空间营造轻松、温馨感。若有局部需加强亮度，则以可灵活移动的立灯加强补足。

空间设计与图片提供 | 分子室内装修设计有限公司

轨道灯保留天花板高度、增加设计感

在灰与白共构的空间中，为保留天花板高度，以白色轨道灯与消防管线并列提升客厅开阔感。后方书房与灰色走道的天花板则设置嵌灯，使整体空间更加简洁。大面积自然采光与人工光源互相搭配，加上三种高度的天花板落差，提升了设计的层次感，也使空间光线表情更丰富。

空间设计与图片提供｜木介空间设计

| 使用照明器具 |
嵌灯（LED灯泡，9 W/4000 K）、
轨道灯（LED灯泡，12 W/4000 K）

| 使用照明器具 |
嵌灯（7 W/3000 K）

空间设计与图片提供｜ST design studio

结合自然光线柔化人工光源

原始空间采光条件良好，为了让光线在空间里自由穿梭，设计师最大程度地打开生活空间，让自然光成为这个家的主角。对应绝佳采光，设计师在天花板配置6盏直径8 cm的可调式嵌灯作为客厅基础照明。在光线最好的白天，光源呈现的是普照、均亮效果；到了夜晚可选择性地只开几盏灯，或利用灯具角度微调功能，做局部打亮、投射，展现不同于白天的情境氛围。

空间设计与图片提供 | 开物设计

开放空间以复合光源按需求切换使用

客厅大落地窗引入了充足的自然光线，白天完全不需要灯光的辅助，开放式公共区以重点及功能照明为主，由于房主有做瑜伽的习惯也喜欢阅读，因此天花板的嵌灯分布在瑜伽区、沙发区及茶几处，可根据使用需求切换灯光。开放式空间里除了有嵌灯作为基础照明外，还增加了一些装饰照明作为空间焦点。

| 使用照明器具 |
嵌灯、装饰灯

| 使用照明器具 |
LED灯、嵌灯

善用光源丰富材料与立面表情

以简单纯粹的材料与色调展现空间的寂静氛围，电视墙立面铺饰块状分割的莱姆石，台面上特意设计了一条LED灯带，赋予材质更为丰富的表情。右侧灰色莱姆石墙以带状镂空设计创造立面的线条比例变化，镂空处特意采用斜面，避免光线投射产生过多直角，以便发散出柔和流畅的光线。

空间设计与图片提供 | 水相设计

灵活切换光源，营造适宜氛围

为了营造空间的沉稳格调，大量采用黑白灰来表现空间沉稳感。除了电视墙采用深灰色，沙发背景墙更以特殊涂料做出仿大理石效果，搭配深色的立面，天花板则以白色铺陈，且装设8盏嵌灯来提升空间明亮感，并可4盏、8盏分段切换，让房主依使用需求，随时灵活切换出适宜的情境氛围。

空间设计与图片提供丨合硕设计

| 使用照明器具 |
嵌灯（8 W/4000 K）

可调角度轨道灯照亮空间每个角落

由于格局变动，客厅缺少了临窗的采光，因此选择以环绕天花板的轨道灯作为空间基础照明，可按需求随时增减灯具数量。轨道灯可随意调整角度，能适时打亮过道或角落处以免产生暗角，这里选用光线分布均匀、聚光效果强的投射型轨道灯，来为空间制造丰富多变的光影效果。

| 使用照明器具 |
轨道灯

空间设计与图片提供丨合硕设计

餐厨

Dining Room
& Kitchen

空间设计与图片提供 | 实适设计、谧空间研究室

开放式厨房早已成为现代空间设计主流，餐厅和厨房被视为家人与亲友之间共处的重要场所，虽然减少了墙面隔断，但每个区域仍保有自己的功能和定义，除了运用家具界定空间之外，还可以通过灯光配置来满足各自的需求和功能。

原则
1 建立重点照明，强调区域范围

虽然视线上餐厅和厨房已完全打通，但灯光仍要依照居住者的使用需求独立配置，因此除了整体基础照明，餐厅和厨房依然要建立各自的重点照明来强调区域范围，如餐厅以吊灯凝聚重心，厨房则以流明天花板营造均匀光线，不过要记得将灯光回路分开，让照明能独立切换。

原则
2 依照空间需求选择适合色温

需要切煮料理食物的厨房着重点在于工作照明，因此灯光要明亮，选择4000K左右色温的灯具作为主照明，不但将东西看得很清楚同时氛围也较自然。餐厅则讲求用餐情绪，选择2700～3000K的偏黄色温能营造温暖的用餐气氛，同时能让餐桌的食物看起来更可口。

原则
3 增加料理台面的重点照明

常见的厨房天花板主灯包括嵌灯、日光灯或流明天花板等，主要是为了让整体空间有自然均匀的光线，另外会在料理台、水槽与灶台等工作区上方的吊柜处增加重点照明，同时要避免光源被身体挡住，这样近距离照射才能让处理及加工中的食材看起来更清晰。

空间设计与图片提供｜实适设计

 原则 **4**
以居住者身高调整吊灯高度
餐厅大多以吊灯作为重点照明。用餐时吊灯能让光线聚焦在餐桌上，但吊挂太高聚光效果不佳，吊挂太低则容易干扰视线交流。吊灯安装高度应依据家人中身高最高者来定，最高者坐下时吊灯下缘应靠近头顶位置，即离地130～150 cm的位置较为适宜。

原则 **5**
复合式光源方便切换情境
有不少餐厅兼具书房功能，因此用餐、阅读、上网全在餐桌上进行。而当需求不再单一时，餐厅照明配置也应更灵活，要能在用餐时切换成低色温照明及工作时切换成高色温照明，建议在间接照明之外增加工作用的桌灯或立灯，确保阅读或工作时有足够亮度。

原则 **6**
选择聚光灯罩集中光源
1盏造型独特的餐桌吊灯能轻易打造空间的主题，但就餐厅的使用目的来说，建议挑选聚光效果佳的圆锥状灯罩，这样的设计能让光束向下聚焦在餐桌的食物上，对于餐厅区域来说也较能营造整体气氛。

空间设计与图片提供｜十一日晴空间设计

柔和亮度营造温馨餐厨氛围

因修饰厨房排水吊管管道的关系，将梁包覆为弧形线条，同时一并将嵌灯光源配置进来，弧线也令空间更为柔和。中岛区上端的投射灯为次要照明，而从厨房壁柜延伸至客厅的间接照明则将空间串联在一起。用餐区域选搭中国台湾设计品牌喜的灯饰朵拉款式，高度可自行调整，灯罩也能旋转，创造出活泼的空间律动感。

|使用照明器具|
嵌灯、间接照明灯具、投射
灯、吊灯（玻璃、铜）

空间设计与图片提供｜宅适设计

线性吊灯错落装点天花板

中岛餐厨的置入迎合房主对日式复古风格的喜爱，实木台面结合黑铁材质，用餐区主要通过悬吊造型灯具提供温馨光源，吊灯高度建议与人站立时的视线等高，这样能将光更多聚焦在食物上。中岛吊柜处设置微露的黑色层板灯，强化复古风格，其他区域以LED线性吊灯辅助照明，不仅可调整投射角度，还错落排列成为空间装饰的焦点。

| 使用照明器具 |
嵌灯、线性吊灯、造型吊灯
（金属烤漆）

空间设计与图片提供 | 木介空间设计

轨道灯使照片墙气氛更迷人

开放式餐厨区以灰蓝色照片墙作为视觉焦点，同时定位出功能范畴。区域内以轨道灯分别投向照片墙与厨具，既可维持基本照度，也让深色墙体上的光圈效果更加凸显。餐桌上方以2盏黄铜吊灯提升食物颜值，吧台区则在吊架上挂设长灯，让轻食气氛更惬意。

| 使用照明器具 |
长灯（LED灯泡，12 W/3000 K）、
轨道灯（LED灯泡，12 W/3000 K）、
吊灯（钨丝灯泡，7 W/2700 K，
金属烤漆）

空间设计与图片提供 | ST design studio

| 使用照明器具 |
轨道灯、间接照明灯具、
吊灯（金属烤漆）

多重光源符合不同情境需求

餐厨区照明规划，除了从使用目的考量，空间的情境氛围也是重点之一。除了保障料理台面的基本照明外，在天花板规划了轨道灯、吊灯，并在客厅与餐厨天花板交界处暗藏间接照明设计，以便房主依据当下情境需求，自由选择适当光源。若想在良好的氛围下用餐，间接照明和吊灯就足以营造气氛；若想加强空间亮度或局部聚光，调整轨道灯角度，便能满足需求。

空间设计与图片提供 | PartiDesign Studio/曾建豪建筑师事务所

空间设计与图片提供｜木介空间设计

｜使用照明器具｜

嵌灯（LED灯泡，9 W/4000 K）、

轨道灯（LED灯泡，

12 W/4000 K）、

吊灯（LED灯泡，7 W/2700 K，

镀钛钢）

以精品吊灯增添质感、保持照明规划的灵活性

餐厨区以直纹山形栓木皮装饰主墙，让中岛区与餐桌得以找到自己的定位，从而形成适宜的动线距离。餐桌上方选用喜的精品吊灯，利用可十字旋转的支杆使灯光表达更灵活，餐桌后方走道以三支白色轨道灯打亮，靠厨具侧则改以直径7 cm的嵌灯铺陈，让光源随需求打开，却又不会太过缭乱。

｜使用照明器具｜

嵌灯（LED灯泡，12 W/3000 K）、

吊灯（LED灯泡，12 W/3000 K，金属烤漆）

以不同孔径嵌灯满足使用需求

由于整个餐厨区非常大，因此在照明规划上以区域的使用需求来配置灯具。厨房区使用散光型直径12 cm的LED灯让工作照明照度平均，餐厅区则选用可微调角度的直径9 cm的嵌灯与吊灯相互搭配，让用餐环境得以维持充足照度，也能重点打亮食物增加用餐者食欲。

2 家居空间照明设计

多元光源赋予空间立体层次

在房主喜爱的白色基调中，加入淡淡的浅灰色，沉稳的深浅不同的染灰钢刷实木皮相互搭配，营造出协调的静谧氛围。针对玄关入口的视觉焦点——餐桌，特别选搭1盏尺度较大的造型吊灯装点，塑料材质视感轻盈却又抢眼；中岛区通过铁件方管巧妙地与嵌灯相结合，加上线性灯条的运用，实现不同层次的照明效果。

空间设计与图片提供｜分寸设计

复古铁件灯具呼应工业风氛围

以黑白灰为主的工业风空间，天花板保留原始混凝土结构样貌，于中岛台面、立面门扇设计中适当加入木质纹理，增添些许温暖的感觉。用餐区以吊灯为主要光源，为了与整体风格呼应配置3盏铁件复古灯罩款式，成为空间视觉焦点。两侧则分别规划黑色轨道灯相互呼应颜色，也为走廊、壁面画作等重点物件制作聚焦效果。

间接照明灯具与嵌灯兼具照明和氛围营造功能

把空间主要采光面留给公共区域，白天不需开灯，家人在充足的自然光线里活动。到了晚上需要照明时，房主希望能为空间提供均匀柔和的光线，因此餐厅以间接照明灯具作为基础光源，搭配嵌灯创造出空间照明层次。餐桌上方增加吊灯作为用餐区光源选择，在小朋友入睡后的深夜时刻，也成为阅读时陪伴的照明，凝聚出宁静的空间气氛。

空间设计与图片提供 | PartiDesign Studio，曾建豪建筑师事务所

长灯造型利落、光线均匀

半开放式餐厨空间以中岛区作为功能区分界，并以吧台取代餐桌让空间动线更加顺畅。长型灯具线条利落，相较于单盏灯具，光线能均匀散布打亮台面。冰箱上方规划轨道灯照亮回旋区域，炉具前则顺应延伸过来的天花板，以嵌灯打亮内部走道，增添烹煮区的明亮感。

| 使用照明器具 |
嵌灯（LED灯泡，9 W/4000 K）、轨道灯（LED灯泡，12 W/4000 K）、吊灯（LED灯管，12 W/4000 K，金属烤漆）

空间设计与图片提供 | 合砌设计

LED造型吊灯兼顾节能与气氛营造

因为走道上方有梁且藏了部分冷气管道，加上有电动卷帘及拉门的需求，所以天花板出现高低差，也顺势区分出餐厅与厨房区域。用餐区天花板同时安排轨道灯和吊灯，主要为满足房主日后变更用途的弹性需求，而看似钨丝灯的吊灯，实为LED灯，是兼顾节能与气氛营造的理想选择。

| 使用照明器具 |
轨道灯（LED灯泡，9～12 W/3000 K）、
吊灯（LED灯泡，9～12 W/3000 K，金属烤漆）

以华丽吊灯凝聚视觉重心

餐厨合一的空间里，视觉焦点多是餐桌，因此整个空间以嵌灯作为基础光源，只在属于工作区的中岛区，增加嵌灯配置数量，辅助料理备餐操作。而在讲究用餐氛围的餐桌区，则采用1盏造型吊灯来凝聚空间重心，且为呼应略带奢华感的家具，选用了镀铜材质，以衬托整个空间的典雅高贵格调。

| 使用照明器具 |
嵌灯（3000 K）、
吊灯（镀铜材质）

空间设计与图片提供 | 构设计

酒店式线条吊灯彰显设计美感

年轻的房主偏好时尚简洁设计，设计师选用铁件表现空间利落的线条，挑选线条吊灯作为餐厅灯，呼应餐桌铁件的桌脚，灯的高度距地175～180 cm，灯光让食物看起来更美味。设计师以强调个性创意的现代极简线条吊灯，来增加空间的设计美感。

| 使用照明器具 |
线条吊灯
（香港家品牌）

空间设计与图片提供 | Parti Design Studio、曾建豪建筑师事务所

以不同款式灯具丰富光线层次

厨房区顺应整体设计，以3盏可调角的无框盒灯作为主要照明。橱柜下方保留厨具厂商配置的薄型LED灯，使光源效果富于变化。便餐台上安排1盏上窄下宽的造型吊灯来增添情境气氛，也借内嵌灯与外露灯的对比，让光线层次更加丰富。

| 使用照明器具 |
盒灯（LED灯泡，
9～12 W/3000 K）、
吊灯（LED灯泡，9～
12 W/3000 K，
金属烤漆）

| 使用照明器具 |
嵌灯、吊灯（金属）

造型吊灯强调戏剧视觉效果

这是一个为出租屋设计的空间，因此不同
于居家空间较为实用的灯光规划，刻意选
用极具设计感的吊灯作为餐厨空间主灯，
这是因为除了照明功能，更重要的是为空
间增添戏剧性效果，给承租的客人留下深
刻印象。至于实际亮度需求，则另外以直
径6 cm的嵌灯作为加强辅助。

空间设计与图片提供 | 湜湜空间设计

| 使用照明器具 |
嵌灯、LED灯条

空间设计与图片提供 | 实适设计

LED灯条加强重点照明

将没有玄关而餐桌仅能摆放于入
口处的诡异格局重新调整。原本
狭窄的一字形厨房，变身为两个
一字形厨柜，两侧厨柜下藏设
LED灯条，让工作台、水槽能获
得充足照明。而天花板的嵌灯则
作为扩散光源，提升厨房整体空
间亮度。

空间设计与图片提供 | 合砌设计

| 使用照明器具 |
嵌灯、LED灯条（4000 K）、
吊灯（塑料）

清晰白光让料理更顺手

基于房主对料理、备餐时的亮度要求，除了料理台面的基本光源配置外，在天花板装设了一条约20 cm宽的LED灯条，并选用极具明亮度和显色性佳的4000K白光，来满足对工作区的亮度需求。除了LED灯条外，整个餐厨区配置黄光，利用色温一致性来营造愉悦的用餐氛围。餐桌上方的吊灯，则为空间增添了垂直线条变化。

空间设计与图片提供 | 分子室内装修设计有限公司

空间设计与图片提供 | 叙研设计

隐藏式吊柜灯补足料理台台面光线

| 使用照明器具 |
间接照明灯具、嵌灯、
投射灯、吊柜隐藏灯

开放厨房分享了公共区域的自然光。为了满足烹饪时的照明需求，除了中岛区及走道上方的天花板安装了投射灯和嵌灯作为主要照明外，考量到下厨时因为身体背对光源而产生阴影，处理食材会显得不方便，因此在吊柜内规划辅助光源，增强整个料理台面的明亮度，而隐藏式的灯光设计使整体空间更为简洁美观。

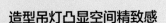

| 使用照明器具 |
吊灯（金属、玻璃）

造型吊灯凸显空间精致感

餐厅空间不大，配置的吊灯大小也需特别挑选，极具设计感的灯具不仅造型上力求简洁，还能根据当下情境需求，通过选择开启灯泡数量来调整亮度，满足实际使用需求。虽说空间小，光源配置单一，但由于空间有大面积的白色与地板亮面材质，使得光源可借由极佳的反射效果适度提升空间亮度，设计师亦在另一侧规划流明天花板做光源补强。

空间设计与图片提供｜水相设计

间接照明灯具
修饰梁与轨道厚度

由于在餐厅与厨房之间的过道上方，横亘着一根大梁，加上厨房拉门需装设轨道，因此特别做出进退面层次，结合间接照明灯具达到修饰结构的效果，同时暖黄色灯光也营造出温馨的空间氛围。餐桌吊灯因搭配此处的整体木质结构，选用黑色灯罩，让色调更为协调。

｜使用照明器具｜
间接照明灯具、吊灯

利用投射灯聚焦材质纹理质感

空间以在海上航行的轮船船舱作为灵感主题，整体立面贴覆温暖且具有鲜明肌理的木皮，餐厅区作为衬景的展示柜以鲜明的海水绿呼应主题。此区域采用2700～3000K暖黄色光投射墙面和餐桌，不但能凸显墙面木皮独特的纹理质感，同时让餐桌上的食物看起来更加美味，天花板则搭配造型吊灯作为该区的重点装饰。

｜使用照明器具｜
投射灯、吊灯

空间设计与图片提供｜开物设计

空间设计与图片提供|开物设计

造型吊灯在大尺度空间制造焦点

| 使用照明器具 |
投射灯、吊灯
（玻璃）

开放式的公共空间选择外形抢眼的泡泡吊灯作为空间主角，让人一走入客厅马上被独特的灯饰吸引。由于吊灯所发出的光较微弱，故而增加投射灯提升空间的明亮度，并且将部分光线聚焦在墙面画作上，使空间视觉景深有主次之分。

兼顾功能与情境氛围的光源规划

餐厨合一的空间，光源规划需从情境氛围与功能两个方面考量。讲究功能的料理台面，为避免身体挡光不利于操作，将灯具安排在吊柜下方。餐厅区除了起照亮作用的嵌灯，还设置了2盏造型吊灯，以其外形来丰富空间元素，同时为用餐区提供柔和光线，让用餐氛围更轻松、愉悦。

| 使用照明器具 |
嵌灯（3000 K）、
吊灯（金属烤漆）

空间设计与图片提供|分子室内装修设计有限公司

2 家居空间照明设计

卧室

Bedroom

空间设计与图片提供 | 合砌设计、ST design studio

　　卧室是劳累一天之后放松身心的地方，照明的目的是让人有被光线安抚的感觉。夜晚被柔和的灯光包围，便能扫去一天的焦虑与压力。照明规划除了以暖色光源为主外，还要考量到卧室的使用习惯及行为活动，才能打造理想的睡眠空间。

原则 1

以暖色光为基调搭配不同光线

用来休息睡觉的卧室，其照明的基本原则是光线柔和不刺眼，营造让人觉得放松的宁静温暖的环境。为了兼顾在卧室的其他行为，如更衣、化妆、阅读等，建议选择可调光的LED吸顶灯，它能依需求调出适合的亮度与色温，或是安装多种灯具分别以不同开关控制，根据需要切换开灯的范围。

原则 2

设双切开关方便控制灯源

以舒适动线来布设卧室灯源开关位置，通常会在房间进门处及床头附近设置双切开关，就寝时就可从床头处控制主灯光源，不需从温暖的被窝爬出来走到门口关灯，或者选择安装可遥控开关的主灯，目的都是增强开关灯的便利性。

原则 3

角落设置气氛灯营造静谧氛围

卧室中的照明适合安排漫射光的灯，可将灯设置在房间角落，通过反射产生柔和的光线，低照度的光源能为卧室营造宁静、安逸、安全的氛围。但卧室用来营造氛围的天花板角落小嵌灯不适合作为夜灯使用，建议夜灯的安装位置最好低于睡床，这样才不会影响睡眠质量。

原则 **4**

留意卧室局部照明色温

卧室内的局部照明同样重要，如梳妆台灯、衣柜灯。梳妆时从天花板打下来的光线容易在脸上形成阴影，因此可在梳妆镜左右两侧安装接近自然光的暖白光来补足正面光源；衣柜可安装自动亮灯的开门式柜内灯，最好采用白光才不会造成视觉上的偏色。

原则 **5**

主灯形式简约轻盈、无压迫感

若要在卧室安装主灯，吸顶灯是较适合的选择，安装时尽量避开床铺正上方位置，以免造成压迫感，且最好选用包覆式、质感轻盈的灯罩设计，让光线能柔和均匀地往整个空间发散，金属配件不宜有太强的反光以免干扰睡眠。

原则 **6**

睡前阅读床头照明不可少

床头灯通常是睡前点的最后1盏灯，兼具基本照明、局部照明及装饰照明三种功能，光线要集中且明亮柔和，不但要满足睡前阅读的亮度需求，还要符合夜间休憩的状态，因此选用给人温暖感觉的低色温光照较适合。床头灯选择面广，若依空间风格协调搭配，则会有画龙点睛的效果。

空间设计与图片提供 | 十一日晴空间设计

经典灯具兼具实用性与美感

主卧设计重点在于开阔的视野，床头主墙大面积刷饰日本灰色硅藻土，以营造宁静沉稳的气氛，两侧搭配意大利经典灯具"Artemide Tolomeo Mega Wal"悬臂灯，通过天花板、壁面不同的设计方式，赋予空间丰富的变化。木质立面衣柜上方则结合悬臂线性吊灯做出水平延展，也加强了衣柜开启后的光源辅助。

空间设计与图片提供 | 分子室内装修设计有限公司

空间设计与图片提供 | 十一日晴空间设计

亚克力台面藏设灯条提升空间亮度

在卧室高度有限的状况下，为避免空间产生压迫感，保留原始天花板高度而不做包覆，且舍弃安装嵌灯或吸顶灯的做法，将光源藏设在床头后方。亚克力材质内设置LED灯条，结合简单干净的白墙，提供的光线已足够使用，且在侧边梳妆区增加壁灯，提升空间明亮度。

| 使用照明器具 |
LED灯条、壁灯

| 使用照明器具 |
嵌灯（5 W/3000 K）、流明天花
板（T5灯管）

侧面打光避免直照有助睡眠

为了达到空间的极简要求，在卧室里，除了必要的家具，用最少的设计减少线条的使用，以流明天花板取代主灯，这种流明天花板是将灯规划在天花板与立面的交界处，借由从侧面投射光线，形成更为柔和且适合睡眠的亮度。此外还配置了2盏直径7 cm的小嵌灯，用于空间亮度需求调度。

卧室照明讲究舒服放松

卧室是主要用于休息睡觉的场所，不需要过于明亮的灯光氛围，通常嵌灯会安装在床的两侧。设计师为房主在床尾配置了书桌，搭配1盏利落的工作灯作为书桌照明，工具灯内装T5灯管，灯的功率可随私密的情境照明而随机调整，让卧室亮度舒适、令人放松。

| 使用照明器具 |
嵌灯、工具灯

嵌灯提供均匀基础照明

主卧床头设计了一道比例适当的水平轴线，选用白色、灰蓝色调作为床头造型的一部分。天花板上配置了嵌灯，衣柜上端的嵌灯主要作为柜门开启后的辅助光源，另1盏则是为床侧地面提供照明。床头两侧搭配2盏宜家家居（IKEA）的金属壁灯，其复古造型增添空间趣味，也为睡前阅读提供照明。

空间设计与图片提供 | 分寸设计

均分配置嵌灯提供适当亮度

这是专属于孩子的游戏空间与卧室，利用鲜艳活泼的色调铺陈，舍弃传统木质家具，如房子般造型的壁板、壁纸以及活动家具，赋予未来弹性变动的可能。由于儿童房自然光线充足，照明规划上仅简单利用4盏嵌灯为空间提供均匀光照，日后若需加入阅读书桌，则可选择移动式台灯、落地灯作为辅助光源。

空间设计与图片提供｜SD design studio

│使用照明器具│

嵌灯、落地灯

（金属烤漆）

独特光影制造视觉惊喜

为呼应灰色大型柜体，床头壁面采用浅灰色，借此也能中和对比过于强烈的白色与深灰色。除了在床头设置2盏嵌灯做基础照明外，特别在床边添加1盏落地灯，当灯光打向墙面时便会产生独特的光影，制造出视觉趣味变化，若睡前进行短暂阅读也可适度照明。

根据生活习惯选择灯具

床两侧根据个人生活习惯，而选择了不同灯具配置。男主人在睡前有看书的习惯，需要1盏壁灯，为了营造视觉舒适感，阅读灯选用暖白光为佳，类似饭店的6000K的白光；女主人侧则配置了1盏吊灯，起到小夜灯的功能，吊灯中是功率5～10W的小灯泡，暖黄光不仅灯色漂亮，也非常适合营造气氛。

空间设计与图片提供｜构设计

│使用照明器具│

壁灯（6000K）、

吊灯（金属）、嵌灯

空间设计与图片提供 | 构设计

善用床头柜嵌灯作为阅读灯

受限于卧室格局，床尾靠近窗户，床头后面都是收纳柜，无法装设壁灯和吊灯，于是在柜体的分割处内嵌LED灯，暖黄灯亮度足够，且不刺眼，既能发挥阅读灯的功用，又能完善夜间照明。长条形LED灯设计得简洁利落，并只用于床边一侧，让光源显得突出。

| 使用照明器具 |
嵌灯

空间设计与图片提供｜湜湜空间设计

可调角度轨道灯兼顾多重需求

靠近窗户的空间，房主日后要规划成书房，因此灯光设计在考量未来空间使用需求的前提下，先在两个空间的界线位置设置一排轨道灯，利用轨道灯可调整角度的特性，来满足现在和未来空间的光源需求。另外，将客厅的间接照明设计延续至卧室，利用来自天花板的间接光源制造洗墙效果，既增添视觉效果又不影响睡眠。

｜使用照明器具｜
轨道灯、间接照明灯具

空间设计与图片提供｜湜湜空间设计

柔和光源营造舒适的睡眠氛围

卧室宜营造令人放松的氛围，卧室光源设计最好避免让光线直照床铺，因此嵌灯位置要避开床铺选在两侧床头柜上方，基于视觉美感选用了2盏直径4cm的嵌灯。在床头板后方安排了间接照明灯具，灯光打向墙面经反射后光线变得柔和，作为夜灯使用，就算半夜醒来也不会感到刺眼。

｜使用照明器具｜
嵌灯、间接照明灯具

自然光色温的灯光补足梳妆需要的正面光线

从使用者需求角度考虑更衣间里化妆台的照明设计，运用嵌入的方式在化妆镜两侧安装LED铝条灯来补足均匀的正面光线，同时选择介于黄、白光之间的4000K色温的光，使灯光下的脸部妆容效果较接近真实环境下的效果，而造型简约的铝条灯搭配在现代风格家居中展现出利落质感。

｜使用照明器具｜
LED铝条灯

空间设计与图片提供｜叙研设计

空间设计与图片提供 | 分子室内装修设计有限公司

利用柔和间接照明打造舒适睡眠环境

为营造解压又有利于睡眠的氛围，将光源安排在天花板高低落差处，以间接照明作为卧室基础照明，利用柔和的光线打造出让人放松的情境帮助睡眠；接着在衣橱、沙发、床头柜等处，各自安排了立灯、小嵌灯以及吊灯作为局部照明，灯具外形皆经过挑选，除了具有照明功能，还能达到点缀空间的目的。

| 使用照明器具 |
嵌灯（3000 K）、间接照明灯具、立灯、吊灯（金属）

均匀照明配置制造无压力睡眠空间

拥有充足采光的卧室，光源安排的重点不是强调空间亮度，而是如何利用光线来营造让人放松的环境氛围。首先采用大量的白色搭配属中性色的灰色来做铺陈，接着采用5盏小嵌灯来作为主照明，特别选择与空间色调更为和谐的暖白色温，避免光线过黄、过白问题，最后在床头柜两侧壁面各自配置1盏壁灯，便于阅读或者作为夜灯使用。

| 使用照明器具 |
嵌灯（5 W/3000 K）、壁灯

空间设计与图片提供 | 分子室内装修设计有限公司

| 使用照明器具 |
嵌灯

利用壁面反射强调宁静感

卧室是让人放松、休息的空间，因此在整体规划上，仍延续公共空间的极简风格，只简单地在床头壁面采用中性色彩做铺陈，这样做除了避免空间过白让人感觉过于冰冷外，还因为来自床头上方的灯光投射在中性色壁面时，产生的光线会比投射在白色墙面来得更为柔和，且更强调黄光特有的温馨感，更易营造出沉静、安定的睡眠氛围。

间接照明营造宁静睡眠氛围

卧室应该是无压力且让人感到放松的空间，因此主照明皆采用光线柔和不刺眼的间接照明。床头板后方暗藏灯管做间接照明，不仅避免灯光直照床铺影响睡眠，还兼顾书桌的亮度需求，若要长时间阅读，则可再增加台灯。除此之外，空间里还有其他间接照明设计，当灯全部打开的时候可适度增加亮度，但基于间接照明的特性，空间仍可保持宁静、沉稳的氛围。

空间设计与图片提供 | 分子室内装修设计有限公司

| 使用照明器具 |
间接照明灯具

空间设计与图片提供 | 水相设计

多重照明烘托自然温馨氛围

考虑到主卧一侧大梁结构，采用弧形天花板搭配间接照明予以修饰。主墙部分选用木纹横贴加上导沟缝处理，展现材质的工法，上方同样搭配间接照明，结合两侧壁灯，烘托出自然温馨的睡眠氛围，而衣柜上下方的照明则让柜体显得轻盈，减少压迫感。

| 使用照明器具 |
间接照明灯具、壁灯

空间设计与图片提供 | 开物设计

间接照明造型设计渲染出天际光晕

卧室延续客厅船舱的设计主题，天花板没有特别设置主灯，以流畅弧形线条搭配间接照明作为基础照明，营造有如在船上仰望天空时天际透出光晕的宁静感；床头两侧安装壁灯式的床头灯，光源柔和且照明度高，加上可调节式设计，能为睡前阅读提供足够光线。

| 使用照明器具 |
间接照明灯具、壁灯

| 使用照明器具 |
嵌灯、吊灯（玻璃）

为满足照度需求调整灯具配置

卧室的灯光配置，通常强调的是睡眠氛围的营造。首先以暖色调为空间打底，接着在床铺两侧走道的天花板上配置2盏嵌灯作为基础照明，另外装设1盏吊灯作为睡前阅读灯使用。在床尾两侧的天花板各配置了2盏嵌灯，这是满足看电视时对亮度的需求，避免屏幕与空间明暗对比过于强烈，而让眼睛感到不适。

空间设计与图片提供 | 合砌设计

2 家居空间照明设计

卫浴间

空间设计与图片提供 | 构设计、PartiDesign Studio、曾建豪建筑师事务所

Bathroom

无论是日常梳洗还是放松泡澡，卫浴间在现代空间中的位置都越来越重要，但大部分卫浴间的自然光线条件仍然不好，因此更需要灯光来提供照明及营造氛围，加上干湿分离设计普及，也就使照明的选择性和变化更能符合使用情境了。

原则 1

在功能区域配置重点灯光

若想让卫浴间的灯光呈现不同效果，需要基础照明和功能性照明的互相搭配。现代卫浴间的主要照明大多运用投射灯及间接灯光取代传统吸顶灯，然后在洗手台、马桶、淋浴间及浴缸这几个区域配置功能性灯光，利用泛光和聚光交叠出空间层次。

原则 2

加强洗手台正面及上方光照

卫浴间洗手台的灯光在满足使用需求的基础上，可考虑变换灯具的造型，此区域投射灯最好安装在镜子上方的天花板上。若习惯在浴室化妆，可选择用镜面灯或壁灯来加强正面灯光，但要注意灯具配置的位置，以免身体挡住光线而失去照明功能。

原则 3

慎选灯具防水等级以减少故障

选择卫浴间灯具时首先要考虑安全性，其次考虑功能性及美观性。卫浴间间水汽大、湿度高，容易让灯具因受潮而损坏率变高，甚至可能引发漏电等安全问题。因此，购买灯具时要注意灯具的防护等级（IP）规格标示，数字越大表示防护等级越高（第一位数字是固态防护等级，第二位数字是液态防护等级），一般灯具大多为IP20的防护等级，卫浴间干区应该选择IP44的灯具，卫浴间湿区则至少要挑选IP65的才比较安全。

空间设计与图片提供丨ST design studio

原则 **4**

从居家安全考量配置明亮光源

湿滑的卫浴间要充分考量安全性，家中有长辈或小孩的，可使用色温偏高的灯具，不仅视线清晰，同时也能衬托卫浴间的干净、明亮感。也可在卫浴间安装感应式灯具，长辈半夜起身如厕时，便不用摸黑寻找照明开关。

原则 **5**

情境灯光让沐浴更舒服

为了制造沐浴时的放松氛围，淋浴间或浴缸处可配置两种形式的灯光。天花板安装投射灯以满足沐浴时对光照的需求，另外在低处或墙面规划漫射光营造温馨、轻松的气氛，要注意的是，投射灯避免安装在浴缸正上方，以免泡澡时光源直接对着眼睛造成眩光。

原则 **6**

根据面积大小规划照明

不同面积的卫浴间照明设计也有所不同。对于面积小的卫浴间，仍建议设置基础照明和重点照明，可先以亮度足够的间接照明或灯带作为基础照明，满足亮度需求之后再将重点照明安排在使用频率较高的洗手台上方；面积大的卫浴间可在基础照明、重点照明之外，增加装饰照明，运用造型灯饰创造卫浴间空间的特色。

空间设计与图片提供 | 木介空间设计

| 使用照明器具 |
嵌灯（LED灯泡，
9 W/5000 K）、间接照明灯具
（T5灯管，12 W/5000 K）

5000K白光让卫浴间更显洁净

卫浴区利用灰色地砖整合功能属性，而将坐便器与淋浴区分离的做法，使功能应用更有效率，也减少了出水打湿坐便器要额外清理的麻烦。如厕区与淋浴间都用2盏直径15 cm的嵌灯打亮，白光有助提升清洁感。洗脸台则采用T5灯管上下布光，既能使照镜子时视线更清晰，又能避免使用直接光源造成眩光。

空间设计与图片提供 | PartiDesign Studio/曾建豪建筑师事务所

建材反射特性让亮度加倍

卫浴间处于无法开窗，也没有自然采光的
位置，因此在规划照明时，特别重视空间
的提亮效果。除了大量使用白色瓷砖来制
造明亮、洁净感，还利用镜面、玻璃等可
穿透与能反射光的建材，让光源不受到任
何阻挠均匀照亮卫浴间，并刻意在天花板
角落安排1盏吸顶灯，凭借灯具的造型与
材质，将整体空间的复古风格延续到卫
浴间。

| 使用照明器具 |
嵌灯、吸顶灯
（金属烤漆）

空间设计与图片提供｜ST design studio

| 使用照明器具 |
嵌灯（LED灯泡，12 W/3000 K）、盒
灯（LED灯泡，12 W/3000 K）、壁灯
（LED灯泡，12 W/3000 K，镀钛金属）

壁灯＋盒灯强化浴缸情境氛围

蓝色系花纹瓷砖墙除了是独立浴缸背景外，也是整个开放式居室空间的焦点端景，因
此利用自然采光打造明亮的空间印象，并于墙面规划1盏镀钛金属壁灯来强化情境氛
围。整个卫浴区以固定式的白色圆形嵌灯作为照明光源，但浴缸正上方刻意设置1盏
黑色的可调角无框盒灯，让光线变化更灵活。

空间设计与图片提供 | 实适设计

间接光源修饰大梁

为了修饰卫浴间的大梁，刻意将天花板升高，搭配间接照明，不仅营造出卫浴间的温暖氛围，也避免了天花板锐角过于鲜明。淋浴间、洗手台上方则各自布设嵌灯，可打亮整个空间。面盆边特意悬挂1盏柒木设计的吊灯，绿色烤漆灯罩与壁砖颜色搭配协调。此吊灯主要作为夜灯使用，也能将灯罩收起，作为直接照明。

| 使用照明器具 |
间接照明灯具、嵌灯、
吊灯（纸、金属烤漆）

设定照明目的以发挥灯光最大功能

跳出单一光源的传统灯光设计，以照明目的为依据规划卫浴间灯光服务范围。以间接照明灯具为空间提供均匀的照明；在洗手台正上方安装投射灯，让使用者在盥洗、梳妆时看得更清晰；马桶位置的灯光则设定在坐下后的前方位置，如厕时看书或看手机都有足够的光线。整个卫浴区采用4000K色温，使空间明亮又不失温暖感。

| 使用照明器具 |
间接照明灯具、投射灯

空间设计与图片提供 | 叙研设计

空间设计与图片提供 | 水相设计

黄色壁灯带出复古时尚感

由于房主一人居住，将原有一室舍弃变更为主卧卫浴间间。由于空间本身的采光条件极佳，减少照明的配置，除了台面上端的主要间接照明之外，为符合空间的多彩风格，特别将泡澡区的壁灯设计成黄色调，配上复古地砖，别有一番风味。

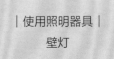

| 使用照明器具 |

壁灯

2 家居空间照明设计

空间设计与图片提供｜开物设计

柔和光线营造轻松的泡澡氛围

｜使用照明器具｜
投射灯、间接照明灯具

干湿分离的卫浴间基于居住者的使用习惯考虑，除了在盥洗台及坐便器上方安排功能性照明外，其他投射灯则打在卫浴间设备上以展现高品质设备的精致质感。而在淋浴及泡澡区的间接灯光除了作为打底的基础光源外，同时具有在泡澡时营造轻松氛围的作用。

｜使用照明器具｜
嵌灯、LED灯条

LED灯条调节夜晚亮度

将卫浴间格局重新设计，做成毗邻后阳台、厨房的动线，不但空间变大，白天光线也变得更好。卫浴间在四个角落均配置嵌灯，作为主要照明。另外在浴柜下方设置LED灯条，利用光源的线性引导拉长视线，也具有小夜灯的功能。

空间设计与图片提供｜安适设计

空间设计与图片提供 | 水相设计

材质与照明共谱明亮照度

位于台湾岛北部淡水河畔的度假住宅，主卧卫浴间区采用清透隔间与睡寝区划分开来，主要光源来自睡寝区，卫浴区铺贴白色大理石纹瓷砖，并使用2700～3000K色温的灯光去提升整体的明亮度，并于淋浴间与马桶上方以嵌灯做重点照明。马桶上的嵌灯建议装设于前方天花板，而非正上方位置，以免光线过亮。

| 使用照明器具 |
间接照明灯具、嵌灯

| 使用照明器具 |
间接照明灯具、嵌灯

空间设计与图片提供 | 水相设计

重点嵌灯加强局部功能亮度

不规则的卫浴间，天花板的嵌灯仍保持着规矩的水平轴线。空间的照明设计除了横向的间接照明作为空间均值的亮度照明之外，在梳妆区、泡澡区、面盆区的上端增设嵌灯重点聚焦以提升局部亮度。

2 家居空间照明设计

过道、楼梯

空间设计与图片提供｜构设计、十一日晴空间设计

Corridor & Stairs

　　楼梯和过道具有连接空间的作用，就位置来说容易给人阴暗的感觉，所以照明设计就显得特别重要，尤其对于老人和孩子而言要小心因为楼梯照明不足而发生摔跤、绊倒等情形。楼梯照明最重要的作用就是让人看清楚每一阶楼梯的位置，以便准确判断阶梯的高度减少意外发生；过道为过渡空间，只要维持基本看得见的亮度即可。

原则 1

采用柔和黄光，长辈行走较安全

楼梯和过道为连通区域，人们在此的停留时间较短，因此这里的灯光亮度不需太高，而且宜采用不刺眼的暖色黄光照明，如果家中有长辈更要避免使用白光，因为老年人的眼睛对偏蓝白光不敏感，可能因此导致看不清阶梯而发生危险。

原则 2

光照分布均匀避免死角

由于楼梯和过道属于带状区域，因此可以在动线上配置多盏灯，让光线均匀分布在整个长型空间，减少光线死角。投射灯光照范围较窄容易产生阴影，家里若有长辈则不建议选用。LED灯光线分布较为均匀，运用在楼梯台阶能清晰照明。

原则 3

安装感应照明灯方便又省电

楼梯或过道不用长时间照明，因此适合安装感应照明灯，感应灯依原理可分为人体感应及光源感应两类。"人体感应"是通过红外线探测人体温度，当人靠近时才会自动亮起；"光源感应"则是随着室内光线变暗而自动渐亮，当光线足够时就熄灭，也就是说晚上灯会一直保持照明。两者都是非常便捷的感应照明，可依需求选择安装。

空间设计与图片提供｜十一日晴空间设计

原则
4

适当安排灯具高度

过道照明一般采用壁灯或嵌灯，壁灯安装高度约离地200 cm，通常不会妨碍视线，同时要注意房间开门方向，避免一开门就挡住灯光，或选择安装脚边灯来保障夜间行走时的安全，安装高度约离地30 cm，光线亮度不用过于强烈，以柔和的非直射光为宜。

原则
5

设计照明位置美化楼梯间

照明设计与灯具的发展进步使楼梯灯光不只有保障安全的作用，更有美化空间的作用，因此灯的安装位置决定楼梯的展现姿态，如将LED灯隐藏在楼梯板下，由下而上的透光方式具有抢眼的视觉效果；结合扶手的灯带照明，不但安装方便也给人简约利落感，如果阶梯较宽，则需要其他照明辅助，以提高照度安全系数。

原则
6

利用照明设计修饰走廊

若走廊过长或者有横梁，可以利用灯光设计来修饰。在长廊壁面及底端以画作装饰并安装嵌灯投射，将走廊营造出画廊般氛围。走廊天花板若有横梁，可以采用照明结合天花板的设计来修饰，在天花板安设灯带或嵌灯，即能同时达到照明和美化的目的。

空间设计与图片提供｜十一日晴空间设计

均匀光源引导生活动线

将家视为孩子的城堡，打开走廊尽头的房间，并将其规划为孩子的开放式游戏室，让其成为空间与生活里最美好的画面。走廊天花板均匀地散布着方形嵌灯，让光源成为生活动线的引导。舍弃一般圆形嵌灯，以方形嵌灯造型排列，创造独特的风格。

空间设计与图片提供 | PartiDesign Studio、曾建豪建筑师事务所

空间设计与图片提供／Hao Design Studio／曾建豪建筑师事务所

楼梯间以少量嵌灯发挥最大作用

通往二楼的楼梯间，因为镂空铁梯与钢化玻璃楼板能透过大量自然光而显得十分明亮。灯光规划上，除了百叶窗上方的2盏嵌灯外，在玻璃楼板上方也设置了2盏嵌灯，光线穿透玻璃，以最有效率的方式打亮整个过道。

｜使用照明器具｜
嵌灯（LED灯泡，
9～12 W/3000 K）

｜使用照明器具｜
嵌灯（LED灯泡，9～12 W/3000 K，
玻璃、金属烤漆）

可调角度盒灯成为实用设计点缀

为了使空间视感更加利落，整个公共区皆以可调角度的无框盒灯为主要照明，一是可以避免轨道灯过多而显得线条杂乱，二是黑色盒灯也能成为空间造型的点缀。过道灯光同样采用盒灯设计，一次全开的回路设计让光源能迅速打亮，增强使用的便利性。

轨道灯创造多变化光源

通往卧室的过道天花板，打破配置嵌灯的常规，配置了轨道灯。轨道灯具备可自由调整投光角度的特点，让空间更具弹性，也能创造出多变化的光源。现阶段可全部聚焦烘托过道整个空间，未来墙面若增加装饰品、画作等，也能直接聚焦于立面。

| 使用照明器具 |
轨道灯

双色天花板嵌灯普照大不同

以栏杆为分界，天花板挑高不同，夹层高度也不同。深色木皮天花板利用涂色在视觉上压缩空间高度，并让天花板嵌灯排列成集中式光源；相对地，夹层的白色天花板不受夹层高度影响，天花板嵌灯得以分散普照。而夹层地板凭借激光切割铁板及钢化玻璃制造光影效果，楼下开灯时，灯光往上打，便会投影出剪纸艺术般的光影效果。

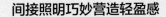

| 使用照明器具 |
嵌灯

间接照明巧妙营造轻盈感

整体空间的天花板设计是一路延伸至通往私密空间的过道，天花板与立面的空隙为间接照明提供空间，由上往下照的方式为天花板带来悬浮的视觉效果，淡化狭窄过道被立面包围的压迫感。而过道另一端立面刻意选用灰玻璃材质，当灯光投射在透光材质上时即会发生反射，如此便可提升空间亮度，化解过道昏暗印象。

空间设计与图片提供 | 漫混空间设计

| 使用照明器具 |
间接照明灯具

空间设计与图片提供｜湜湜空间设计

空间设计与图片提供｜构设计

｜使用照明器具｜
吊灯

星空下仿佛在月球上漫步

在楼梯间打造一个弧形的梁体，并在其
上装设2盏月亮造型吊灯，月亮灯表面犹
如月球表面般坑坑洼洼的，加上清水模
漆成的墙面，再搭配房主所购置的星空
灯投影仪，晚上制造氛围时，星空投影
十分梦幻。2盏月亮灯分别是暖白光和暖
黄光，也能表现不同光感的情境。

| 使用照明器具 |
间接照明灯具

光源引导制造空间拉伸效果

狭隘的过道容易让人产生压迫感。由于过道对亮度要求较低，因此选择在天花板采用间接照明灯具来作为主要光源，刻意采用由下往上照的方式，借此引导视线，如此一来便可产生拉伸空间的效果，从而淡化过道的狭隘感。另外间接照明本来就比直照光柔和，再搭配约3000K的黄光，阴暗的过道空间也因此变得明亮、温馨。

离地照明提供过道指引与
气氛营造

从玄关通往厨房的过道上，右侧卧室隔间用木料做出堆叠效果，如日式建筑的立面般，搭配不断变化方向的自然光产生阴影与线条层次，墙面设置离地LED灯，主要发挥气氛营造、夜晚指引的照明作用。

空间设计与图片提供｜水相设计

| 使用照明器具 |
LED灯

空间设计与图片提供 | 分子室内装修设计有限公司

深色天花板配小嵌灯为过道提供柔和光线

虽说过道空间容易显得阴暗，但由于整个空间有大量的白色，甚至连地板也是浅色调，因此通往私人空间的过道，并不会显得昏暗。在光源安排上，先以深色天花板调降过道亮度，接着配置3盏小嵌灯作为主要光源。更衣室两侧使用的是玻璃材质，开灯时隐隐透出光线，虽说强调的是装饰功能，但也可适度增强过道光照。

| 使用照明器具 |

嵌灯

以感应式灯具提升使用便利度

在属于过道空间的过道左侧，规划了一整面衣橱。除了在过道天花板装设嵌灯，为日常行走提供基本亮度外，还在衣柜两侧各自嵌入灯具、衣柜上方设置间接照明，来作为狭长过道的辅助光源。为了使用便利，在衣橱内设置感应式灯具，如此一来，不需寻找开关位置，使用上更方便，同时又能满足挑选衣物时的照明需求。

空间设计与图片提供 | 分子室内装修设计有限公司

空间设计与图片提供 | 构设计

壁灯满足行走、收纳基本光照需求

为了减少压迫感，位于挑高位置的卧室不将墙封到顶，而是在上半部采用透明的玻璃以减少封闭感。通往挑高卧室阶梯的主要光源来自卧室中穿透玻璃的光线。当卧室没开灯时，以墙上壁灯作为光源，除了保障行走安全，也为阶梯收纳提供所需的光线。

空间设计与图片提供 | 水相设计

金属堆叠下的光影变化

这是一间销售进出口五金的贸易商铺，位于接待区后方的楼梯以轻盈铁件构筑，立面选择与家用五金相对应的结构材料，扁铁、方管、三角铁等堆叠出新与旧的对话，并于立面四周加以间接照明，制造空间多层次效果。

| 使用照明器具 |
间接照明灯具

善用材质特性提升空间明亮感

采用开放式的空间规划，让过道空间可顺势分享来自右侧餐厨区、玄关的光照。因此在进行照明设计时，不再安排过多灯光，而是单纯依靠嵌灯来满足基础的照明需求。过道的地板不同于客厅的木地板，这里的地面采用亮面瓷砖，有助于强调光线反射效果，适度提升空间明亮度。

| 使用照明器具 |
嵌灯

空间设计与图片提供 | ST design studio

空间设计与图片提供 | 水相设计

| 使用照明器具 |
间接照明灯具

几何形间接照明隐藏大梁

这间房子最大的问题就是梁多。对于走廊的大梁结构，设计师利用流动又充满韵律感的线条造型，结合间接照明给予弱化，立体的多层次光线成为过道主要照明。

3

商业空间
照明设计

外观

Exterior

空间设计与图片提供 | PartiDesign Studio、
曾建豪建筑师事务所、ST design studio

　　商业空间外观是吸引顾客的第一步，无论走低调隐蔽的高雅风格路线，还是营造明亮张扬的热闹气氛，都少不了灯光的辅助衬托。面对建材与造型各异的商业空间外观，可以从店铺的招牌、骑楼与门面三大方面的视觉效果来思考，让灯光在第一时间发挥吸引注意力的最大功效。

原则 1

以灯箱昭示品牌、加强辨识度

平面式灯箱是经典型吸引手法，通过大面积打亮招牌来迅速展现店名、标识（Logo）甚至联系电话等信息，若是搭配鲜明衬底颜色，往往格外醒目，辨识度也会提升。立体灯箱视感优美、造型活泼，在夜色中更能凸显品牌，与整体设计融合度也更高。

原则 2

入口打光提升迎宾感兼指示方向

光线对顾客有诱导作用，门前有独立空地的店家可以借由地面、侧墙、入口三块区域循序铺陈光线，让人自然地往店内望去，而入口光线的提亮能强化迎宾感，也具备明确指示的功效。

原则 3

骑楼区域光线不可过于昏暗

骑楼灯光规划重点在于基本照度的维持。一来是因为骑楼属于入店前缓冲区域，明亮光线有助于提升顾客好感，也能使橱窗商品或内部设计的辨识度更佳；二来骑楼属于外部空间，保留基本照度也可以在气氛营造之余增强安全性。

立面设计与图片提供｜木介空间设计

原则 4

背衬光和外打光让门面更有气氛

利用镂空或激光切割的铁件来设计招牌、造型图案也是商业空间常见手法。由于建材本身不会发光，因此可通过背衬光发亮，营造由内进射的戏剧效果。此外，利用投射灯外打光烘托被照物，可以制造出亮暗落差光影增添立体效果。

原则 5

悬浮或对比打造光盒视觉效果

如发光的宝盒般在暗夜里闪亮是商业空间常用的设计概念之一，通常是利用店内亮、外观暗的对比手法衬托，较适用于骑楼型的店面。若是独栋空间，不妨以间接照明营造外观悬浮感，搭配玻璃窗内透光，自然就能打造光盒印象。

原则 6

小侧招吸引注意力、辅助设计

若不想大面积铺陈灯箱，可缩小灯箱改以侧面招牌的方式呈现。此做法可保留灯箱块状光源的吸引效果，却又与行人视角相垂直，比起需要正面仰望的正面招牌更容易被注意到。侧面招牌也能与非发光型的设计元素相呼应，强化设计的层次感。

空间设计与图片提供 | 术介空间设计

| 使用照明器具 |
LED灯条（20 W/3000 K）、
投射灯（LED灯泡
30 W/ 3000K）

以内部透光烘托外观形象

美式餐厅一楼规划成大开窗，二楼则以四扇窗对称分割，制造内部灯光透出的均衡美感。门面以镂空的店铺招牌背衬灯条打亮形象，左右两侧各设置1盏投射灯补强立体视觉效果，骑楼立柱虽没打光，但金属板的反射作用使其一样能有亮度闪耀，通过细节的打造，让混凝土色外观保留个性的同时却不会过于素朴隐蔽。

空间设计与图片提供 | PartiDesign Studio/曾建豪建筑师事务所

铺陈灯光角度诱发消费欲望

铁板烧餐厅入口前的空地，以黑墙带出深邃感，让视线可以自然地向前落在黑框与橘铜板共构的立面上，半穿透切割更能引发人们一探究竟的好奇心。屋顶以镀锌铁板搭配6盏轨道灯做铺陈，借由调整投射角度，从地面、侧墙到入口墙，一步步引导顾客向前，无形中达到揽客的目的。

| 使用照明器具 |
轨道灯（LED灯泡，
12 W/3000 K）

| 使用照明器具 |
LED灯条（12 W/4000 K）、
荧光灯（12 W/4000 K）

以灯条做间接照明烘托光盒印象

建筑物外观以店家售卖的绿色建筑角材做格栅式排列，围出独树一帜的门面视觉效果，光源全部采用防潮LED灯条，通过上下布光手法，营造出建筑的漂浮感，加上内部透出的光线，使整个建筑就像一个闪闪发亮的光盒，十分引人注目。不锈钢镂空招牌背后使用荧光灯，虽与LED灯条同样采用4000K色温，但光感却略有差异，使光线层次更多元化。

空间设计与图片提供 | 木介空间设计

利用光影作为空间的美丽装饰

"Dry Salon"是一间精致的咖啡馆，镶着金框的门面和复古壁灯成为吸引人的焦点。店主希望营造出轻松无压的氛围，因此采用3000K色温的稍微偏黄的光来呼应空间华丽风格。餐饮区以轨道灯作为基础照明，并在局部搭配投射灯，布置在空间中的干花装饰，也借由投射灯的照映在墙面上产生浪漫的花影。

| 使用照明器具 |
投射灯、轨道灯、
壁灯

空间设计与图片提供 | 叙研设计

用主次搭配强化品牌印象

冰品店以白色镀锌钢板搭配金色边框营造清爽印象,除了以荧光灯管打亮灯箱之外,骑楼处以3盏直径12cm的嵌灯打亮走道,并以80cm的间距在四周部署4盏直径9cm的嵌灯,强化入口处的光照。灯箱为主、嵌灯为辅的光线搭配,不仅让光线层次分明,也有利于强化品牌印象。

| 使用照明器具 |
灯箱(日光灯条,15 W/4000 K)、
直径12 cm嵌灯(LED灯泡,12 W/4000 K)、
直径9 cm嵌灯(LED灯泡,9 W/4000 K)

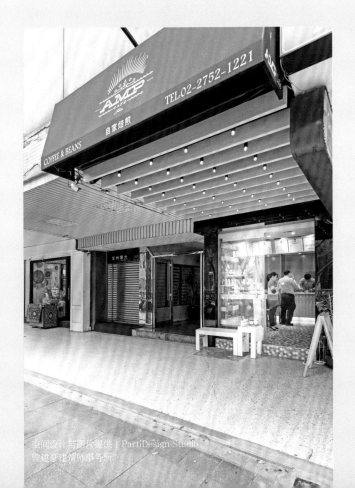

大量点状光源强化存在感

以售卖有机咖啡豆和自营牧场鲜乳为卖点的外带咖啡店,在帆布手绘店铺招牌前增加1盏投射灯打光,让店面在入夜后也十分醒目。延续店内空间橡木皮染灰建材元素,在骑楼处设计格栅板造型,并搭配36盏直径约4cm的轨道灯形成面状照明,为大地色系为主的营业空间增添温暖舒适印象,同时强化存在感。

| 使用照明器具 |
投射灯(LED灯泡,
12 W/4000 K)、
轨道灯(LED灯泡,
2~3 W/3000 K)

3 商业空间照明设计

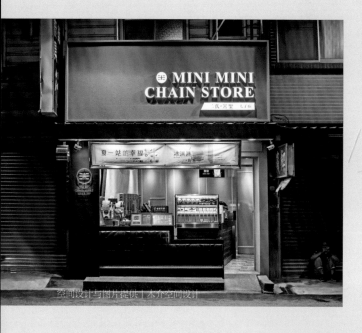

经间设计与图片提供 | 木介空间设计

| 使用照明器具 |
灯箱（荧光灯条15 W/5000 K）、
轨道灯（LED灯泡，
12 W/3000 K）、LED灯条
（12 W/3000 K）

多种光源层叠烘托高质感氛围

奶茶店以灰色石头漆衬底，更加凸显
灯箱打亮的品牌名称，下方空间以黑
色作为外墙与吧台底色，让画面更沉
稳。檐廊下方先用6盏嵌灯打亮横幅
和镂空的店铺招牌，再在左右两侧
各配1盏投射灯让光线更立体。吧台
侧面刻意选用有凹凸感的瓷砖，搭
配LED灯条，让门面给人一种好物严
选的印象。

空间设计与图片提供 | 叙研设计

空间设计与图片提供｜开物设计

里外透光的玻璃隔墙吸引人潮目光

专门酿制精品啤酒的品牌，店址位于人潮和车潮汇集的地段，因此外观以透光玻璃打破传统酒吧昏暗的印象，白天将阳光引入店内，到了夜晚则借由店内透出的灯光吸引人们的目光。这里特别选择圆形灯作为装饰，创造出有如啤酒里晶莹剔透的气泡的意象，招牌灯光采用背光处理，在米色背景上更加凸显特色。

｜使用照明器具｜
壁灯

｜使用照明器具｜
嵌灯、投射灯

柔和的门面光线增加药店的亲切感

与一般药店门面贴近马路的做法不同，这家店刻意退后一定距离形成具有缓冲作用的入口。整体门面以较柔和的泛光式嵌灯作为基础照明，而在中央柱子未来要安置招牌的位置，以及右侧入口放宣传直邮广告的柜子上方安设投射灯加强照明，用来吸引来往客人的目光。店家没有用过于明亮刺眼的招牌灯光，是希望弱化人们对药店的冰冷印象，营造如邻居般的亲近感。

3 商业空间照明设计

空间设计与图片提供 | 木介空间设计

| 使用照明器具 |
造型背光（LED灯条，
15 W/3000 K）、探
照灯（LED灯泡，
25 W/4000 K）

光源间隙让气氛更轻松自在

餐厅外观以日本国旗上的红太阳与象征障子门的框格点出日式餐饮核心，并通过背打光让造型凸显在夜色中。店铺的主招牌以仿锈的特殊漆衬底，结合铁件字体，再利用3盏探照灯打亮招牌，通过光源明暗间隙的张弛变化，营造一种既怀旧又随性的自由感。

空间设计与图片提供 | 湜湜空间设计

重点打光让门面更亲切迷人

由两间老屋打通改建的火锅餐厅，外观保留两扇蓝绿色大门，使立面颜色不会过于平淡，二楼则以大开窗让整体表情更明亮。为了迎合建筑物的朴拙气质，除了墙面上的"毛"字用软灯条背打光外，仅用2盏直径15cm的投射灯，分别在入口接待处与植物上打光，希望通过低调的铺陈手法让内外灯光自然地交融，打造舒适亲切的氛围。

| 使用照明器具 |
LED灯条
（15 W/3000 K）、
投射灯（LED灯泡，
25 W/3000 K）

空间设计与图片提供｜木介空间设计

| 使用照明器具 |
灯条

建材结合灯光营造戏剧感

烧肉店希望展现粗犷豪迈的空间氛围，因此外观不做太多修饰，而是采用混凝土、红砖以及木材等呈现原始质感的建材，另外在天花板以浪板环绕整间店，形成视觉上一大焦点。光源规划则沿着门廊安排灯条作为主照明，刻意选择露出灯珠款式的灯具，借此与招牌的粉红色灯条搭配，以展现别样的戏剧效果，营造热闹活泼的氛围。

空间设计与图片提供 | 渥渥空间设计

光源与墙面几何图案相呼应

饰品专卖店的主要消费者为年轻人，因此外观大面积采用饱和的蓝色，叠加上活泼的荧光绿涂刷成几何图形，制造青春活力的第一印象。外观光源使用4000K的白光，有效达到打亮聚焦效果，光源位置刻意对应墙面的几何图形，借此与外观墙面设计相映成趣，店名则以显眼的霓虹灯强调，特别选用黄色呼应外观充满元气的用色。

| 使用照明器具 |
投射灯
（20 W/4000 K）、
霓虹灯

利用内外亮度差异打亮门面

整体空间风格简约，以没有太多装饰的材质为主。光源的安排，也采取简单且重点式规划，只在招牌、出入口以及等待区几个地方设置灯具，且利用不同灯具的特性，来满足聚焦、打亮、装饰等需求。到了夜晚，由于店面大量采用玻璃材质，利用内亮外暗差异，巧妙达到打亮店面的目的。

| 使用照明器具 |
投射灯、壁灯（塑料、玻璃）

空间设计与图片提供 | 分子室内装修设计有限公司

光线透出，店面有如发亮的光盒

| 使用照明器具 |
投射灯

只有一面采光的条件下，为了最大化利用自然光，外观采用整面落地窗。由于整体空间为极简风格，因此灯光的安排不宜过于复杂，只在进门处安装2盏投射灯，作为局部重点照明，借穿透落地窗的室内光线，形成内亮外暗的视觉差异。

半遮掩光线创造遐想空间

拆除老屋围墙后打造餐厅开阔明堂，但保留旧大门入口将其设计成店铺招牌背衬，形成一种"犹抱琵琶半遮面"的掩映之美。入口处以2盏嵌灯制造出迎宾的视觉效果，镂空的店铺招牌则用灯条透光构筑文雅格调。庭院大树下方设置1盏向上打光的投射灯，让光影变化多元化，打造更具想象力的空间。

| 使用照明器具 |
嵌灯（LED灯泡，12 W/3000 K）、
投射灯（LED灯泡，15 W/3000 K）、
LED灯条（9 W/3000 K）

利用光影变化聚焦设计细节

店主希望颠覆人们对一般酒吧的印象，因此门面没有常见的炫丽现代元素，而是采用具有东方特色的木质门片。外观材质元素单纯，光源配置的作用便更显得重要，因此依据走廊天花板长度等距装置嵌灯，并以聚光、泛光两种灯型交错配置：营业时间使用聚光型嵌灯，将灯光聚焦于墙面营造洗墙效果，达到凸显店面并引起过往路人好奇心的目的；非营业时间则使用泛光型嵌灯，为店员提供清洁打扫所需的亮度。

| 使用照明器具 |
嵌灯

空间设计与图片提供｜存研设计

内外光源结合点亮小店门面

松饼店位于住宅区，前方是居民平时活动的公园，夜晚时周遭环境偏暗。面对偏暗的环境条件，店面的灯光规划是在天花板设置4盏嵌灯，利用均匀光线来打亮店门，灯具装设位置刻意贴近店面，以补足黑板墙所需照度，让顾客能清晰看到黑板上的字。除此之外，店里的光透过玻璃窗与玻璃大门，在夜晚让店面在黑暗中更凸显并成为亮点。

｜使用照明器具｜
嵌灯

3 商业空间照明设计

座位区

Seating Area

空间设计与图片提供｜木介空间设计、湜湜空间设计

　　营业空间座位区是延长顾客逗留时间的一大帮手，特别是餐饮商家的座位设计，更会直接影响顾客用餐过程舒适与否的感受。除了在桌椅搭配细节上下功夫外，合宜的光线规划所营造的气氛，也能影响顾客对餐厅及食物的视觉感受。此外，如何灵活适应变动的弹性，也是商业空间灯光配置不能忽视的重点。

原则 1　以轨道灯补强照度、重点打光

轨道灯方便调整角度是其最大优点，特别是餐厅多会以不同款式的灯来增强光线的丰富性。轨道灯既可成为单独打光的光源，也可成为辅助其他灯具强化照度和光影的帮手，不论如何使用都很符合商业空间的需求，这也是它深受青睐的原因。

原则 2　桌面打光使餐点更加美味可口

对着餐桌重点打光能使食物看起来更可口，有助于刺激食欲、提高点单率。不论光源是吊灯还是轨道灯，在色温选择上不妨以3000K的LED黄光做基准。2700K的钨丝灯泡光线虽然更美，却容易有灯具发热的问题，目前多半局部采用。

原则 3　嵌灯简化线条、维持基本照明

对于有天花板的商业空间，依据应用区域和天花板高度，可采用孔径7～12cm的固定式圆形嵌灯。嵌灯没入天花板能使空间更利落，也是用来维持整体空间基本照度的理想选择。而可调角的盒灯可解决单方向投光问题，应用范围也很大。

原则 4 间接照明有助于制造柔和视感让建筑轻量化

间接灯光因埋设位置不同，可以制造向上或向下打光的洗墙效果，光源一般来自T5灯管或LED灯条，灯管漫射光线较平均，灯条照明则为点状连续的效果。间接照明可减少眩光，不仅视感柔和，还能引发悬浮联想，让建筑物看起来更轻巧。

原则 5 借行列式布光强化存在感

在长桌或吧台这类区域，可利用悬垂吊灯做行列式布光凸显效果。一来吊灯能够增加商业空间视觉层次，让设计更有立体感；二来吊灯多半承担情境塑造功能，照度偏弱，借由多盏灯具排列能强化照明和存在感，使画面更漂亮。

原则 6 设置轨道灯无需加装天花板又可按需增减

商业空间座位区在规划时多半会以轨道灯为首选，主要是因为许多商业空间为节省装修成本，会直接以黑色涂料修饰外露管线而不会钉天花板，轨道条在深色背景中不会太突兀，灯具数量又可以随时缩减或增加，具有很大的调整弹性。

3 商业空间照明设计

空间设计与图片提供 | 谧空间研究室

| 使用照明器具 |

水滴形吊灯（卤素灯泡，40 W/2700 K）、管形吊灯（卤素灯泡，40 W/2700 K）、盒灯（LED灯泡，8 W/3000 K）、轨道灯（LED灯泡，8 W/3000 K）、壁灯（钨丝灯泡，70 W/2700 K）

大量吊灯烘托温暖氛围

餐厅名称为酒窖，刻意选用老砖在空间中创造出三个圆拱，打造出酒窖时光感。拱墙连通了各个功能区，视线互相穿引；加上使用龙眼木做烧烤，希望表现出多层次的红，因此用大量钨丝吊灯凝聚成焦点，借由墙色的红、灯光的黄传达出温暖意象。走道天花板与墙面则安排了盒状嵌灯、轨道灯和壁灯重点打光，让整体气氛静谧却不会过于昏暗。

空间设计与图片提供 | 木介空间设计

空间设计与图片提供｜木介空间设计

以壁灯彰显深蓝墙魅力

铁板烧二楼空间以彩度高、明度低的深蓝色作为主要墙色。墙面中央有一根柱子，于是利用包覆手法做对称设计，再搭配挂画装点，打造沉稳格调。线性灯具的直接光源，让画作得以优雅呈现；双罩型壁灯造型典雅，搭配全周光灯泡光线双向洗墙，让墙面更细腻动人。

｜使用照明器具｜
壁灯（LED灯泡，
9 W/3000 K）

｜使用照明器具｜
轨道灯（LED灯泡，
12 W/3000 K）、T5灯管
（12 W/3000 K）、壁灯（LED灯
泡，9 W/3000 K）、造型吊灯（钨
丝灯泡，7 W/3000 K，木材）

木料与灯泡共构星光熠熠意象

餐厅以台南当地食材结合创意西式手法为特色，在空间中用许多三角形元素代表海浪，表现出海港鲜食的象征意义。二楼仍以轨道灯作为主要照明，但在镂空挑高区域刻意设计细格状木制品，结合灯泡营造出星光熠熠的视觉效果；利用砖墙下方的间接照明与壁灯的半间接照明，使光线更柔和。

3 商业空间照明设计

空间设计与图片提供｜木介空间设计

｜使用照明器具｜
轨道灯（LED灯泡，
12 W/3000 K）、
吊灯（LED灯泡，
9 W/3000 K，金属烤漆）

折线灯罩与镜墙线条相互呼应

店铺的识别主色为橘色，因此用橘色沙发呼应品牌色彩，同时也借颜色对比让深色背景空间不会太过沉闷。座位区以吊灯打亮桌面餐食增添可口度，黑色轨道灯则打向后方以棱线做分割的黑镜背景墙，借由反射效果扩大空间感，也营造出闪亮的情境氛围。

空间设计与图片提供｜叙研设计

圆环灯仿造日光花园自然感

内角一隅利用橘色长凳沙发和单椅、小圆桌的搭配，招待人数较少的客群。花卉墙、人工植物墙搭配环形水晶灯，灯打开时散发出柔和的光线，让人有置身户外花园的错觉。由于餐点口味偏东方，因此使用糅合东西方元素设计的吊灯。沙发上方另设有轨道灯，重点打光让造景更立体。

| 使用照明器具 |
轨道灯（LED灯泡，8 W/3000 K）、环形吊灯（LED灯泡，10 W/3000 K，人造水晶）

| 使用照明器具 |
LED铝条灯、投射灯、吊灯

空间设计与图片提供｜谧空间研究室

低亮度照明营造出在洞穴用餐的感觉

火锅店主打在洞穴里用餐的概念，因此狭长空间的灯光以营造偏暗氛围为主，并没有配置过于明亮的主光灯。整体空间利用天花板上的间接光打底，同时打造出有如微光从缝隙透入洞穴里的感觉。每张桌面上方都配置1盏吊灯，吊灯距地面150cm，让光线聚焦于食物且能覆盖整个桌面，色温选择3000K的偏黄光，使食材看起来更美味可口。

3 商业空间照明设计

空间设计与图片提供｜木介空间设计

善用立灯造型构筑迷人情境

为保留老屋天花板高度刻意让顶梁露出，并利用蓝色漆料修饰天花板边框与圆形旧灯孔。考虑到座位区采光条件不错，仅以黑色轨道灯重点打光于桌面，让火锅的氤氲热气勾起人们的食欲。双人座位刻意将桌面与座椅拉高，再辅以立灯打光，将街灯概念融入室内，让整体情境更迷人。

｜使用照明器具｜
立灯（LED灯泡，
9 W/3000 K）、轨道灯（LED
灯泡，12 W/3000 K）

排列式灯光提升长型房间设计简洁感

长型格局的冰品店前区以大面积玻璃窗引入自然光，放大空间感，白色轨道灯提供主要照明亮度，也能调整角度投光于单桌，让冰品看起来更可口。吧台区则以嵌灯满足工作需要，并用成列的圆球状吊灯增加亮点、强化情境氛围。水槽区墙面以店名标识（logo）霓虹灯条凸显品牌，也使整体画面更具平衡感。

空间设计与图片提供｜木介空间设计

｜使用照明器具｜
嵌灯（LED灯泡，
12 W/4000 K）、轨
道灯（LED灯泡，
12 W/3000 K）、造型霓
虹灯条（7 W/5000 K）、
吊灯（LED灯泡，
12 W/3000 K，镀钛金属）

空间设计与图片提供｜木介空间设计

| 使用照明器具 |
投射灯（LED灯泡，
12 W/3000 K）、
LED灯条
（9 W/4000 K）

以灯条铺陈波浪式天花板营造休闲感

以美式波客生鱼饭为主卖点的餐厅，天花板用木料做成海浪的造型，并通过深浅不同的蓝色与白色搭配，呈现出大海的色泽变化。全区以LED灯条暗藏于造型中布光，仅在局部增加投射灯打亮墙面画作，即使无对外窗户采光，依然能使人在这浓厚的海洋意象中，享受加州海岸般的度假气氛。

结合多重光源规划，营造沉静氛围

由于咖啡厅要营造让人感到放松的氛围，在这个几乎全白的空间里，基础照明主要来自天花板的间接照明灯具，经过折射的间接照明光线，不但不刺眼，还能通过光线晕染柔化整体空间感。除了基础照明外，在座位区还设置了悬臂式壁灯作为局部光源，并借此造型丰富空间线条。吧台区则以1盏L形定制吊灯作为主照明。

| 使用照明器具 |
间接照明灯具、吊灯（金属烤漆）

空间设计与图片提供｜朵子室内装修设计有限公司

空间设计与图片提供｜木介空间设计

| 使用照明器具 |

轨道灯（LED灯泡，
12 W/3000 K）、LED灯条
（9 W/3000 K）、吊灯（LED
灯泡，7 W/3000 K，手工红铜）

以不同照明形态呼应人文设计

老屋改建的餐厅，墙面上方仍保留旧有
红砖元素，但搭配了许多不同纹理与质
地的木片拼接，试图传递曾有不同的人
和事物在这个空间中交错的意象，并以
间接照明为板材增添轻盈感。窗边单桌
以轨道灯投射光打亮食物，中央长桌则
以锥状红铜手工灯吸引目光，在黑色天
花板与立面烘托下，顾客更能将目光聚
焦于食物，享受美食。

手绘墙和竹笼灯提升日式氛围

墙面以手绘的京都街景创造视觉延伸效果，也有助于营造日式串烧的空间氛
围。座位上方以木格栅修饰管道，顺势制造天花板视觉落差，让区域独立性
更凸显。靠近走道处以白色嵌灯保障基本照明，但增设3盏竹笼吊灯强化情
境，让投射出来的光影有更多线条变化。

| 使用照明器具 |

嵌灯（LED灯泡，
9 W/3000 K）、竹
笼吊灯（钨丝灯泡，
7 W/2500 K，竹）

空间设计与图片提供｜木介空间设计

空间设计与图片提供 | 木介空间设计

| 使用照明器具 |
轨道灯（LED灯泡，
12 W/3000 K）、
吊灯（LED灯泡，
12 W/3000 K，
金属烤漆）

色温落差使食物看起来更美味

餐厅以黑白灰色系与砖墙元素打造出"LOFT"风格的不羁形象，座位区以轨道灯将光打向砖墙，显露立面凹凸线条变化。桌面上方则各自设置灯罩直径约30cm的吊灯打光，利用较大的光照覆盖面积，呼应食物分量大的丰盛感，也借由暖黄灯光与正前方工作区白光产生的落差，强化感官刺激。

灯泡高低排列创造吸睛视觉效果

以品牌识别色黄色作为空间主色调的咖啡厅，"冂"形木质框架划设出沙发座位区，加上利用如裸灯般的灯泡吊灯设计出高低变化的波浪形灯带，在有限的装修预算下，运用灯具排列、造型达到超乎预期的视觉效果，亦可让来访客人留下深刻印象。

空间设计与图片提供 | 分寸设计

| 使用照明器具 |
吊灯（玻璃）

3 商业空间照明设计

空间设计与图片提供｜蟲室内研究室

以吊灯吸睛、引发烟花联想

铁板烧餐厅以跳格做门面规划，视线可直透入内，因此在前端吧台设置1盏树枝状的灯泡吊灯，制造出宛如花火迸射的视觉亮点。铁板前方则以聚光角度较小的长锥形吊灯逐一打亮台面，目的是希望顾客将视线聚焦于食物。工作区则以轨道灯作为光源，亮度足够，光线也不会单调。

｜使用照明器具｜
长锥形吊灯（LED灯泡，
9 W/3000 K）、
轨道灯（LED灯泡，12 W/3000 K）、
灯泡吊灯（LED灯泡，7 W/3000 K）

空间设计与图片提供｜本介空间设计

外露式灯泡创造渔火联想

生鱼片吧的烧烤操作区以高脚吧台的形式呈现，让顾客能近距离观赏作业流程，也制造一种可以轻松小食的随兴感。台面上以球形灯泡照亮食物，除能激发顾客食欲，也能在深色背景中，创造出似渔火又似星光的意境。吧台下方规划间接照明使其更显轻盈。左侧长桌采类似手法，但将灯具改为短管式，让光线的变化层次更多元。

| 使用照明器具 |
管形吊灯（卤素灯泡，40 W/2700 K）、
层板灯（T5灯管，28 W/3000 K）、
球形吊灯（卤素灯泡，40 W/2700 K，玻璃）

空间设计与图片提供 | 谧空间研究室

包厢区以吊灯锁住餐食焦点

| 使用照明器具 |
嵌灯（LED灯泡，
8 W/3000 K）、吊灯（卤素
灯泡，40 W/2700 K，玻璃）

包厢区希望提供一个安静独特的用餐氛围，因此仅用2盏嵌灯打亮红砖墙，借由较暗的光线搭配墨绿色绒布，让顾客将视线放在餐桌上。2700 K的卤素灯泡透过褐色玻璃外罩营造出温暖的感觉，规律的灯具排列，则让空间更具稳定感，更能让顾客静下心来细品佳肴。

3 商业空间照明设计

空间设计与图片提供 | 木介空间设计

| 使用照明器具 |
嵌灯（LED灯泡，
12 W/4000 K）、
造型霓虹灯条
（7 W/5000 K）

英文字母造型灯强化空间活泼感

冰品店后区缺乏自然采光，于是利用薄荷绿色墙与白色瓷砖营造明亮清凉感受，并增设贴墙软垫提升舒适感。走道处天花板安排3盏小嵌灯维持基本照度，座位背面则以"Summer Bites"霓虹灯条制造视觉亮点，也与水槽上的霓虹造型相互辉映。

空间设计与图片提供 | 分寸设计

灯条排列营造舞台聚焦感

位于咖啡馆二楼的空间，主要用于会议、包场活动，架高式地面设计打造如同舞台般的效果，也因为如此，除了轨道灯的投射外，特别利用LED灯条做出鲜明抢眼的线条设计，让空间更丰富。另外，轨道灯挑选色温高、功率高、角度小的型号，聚焦效果更为显著，而后侧窗形灯具也起到间接照明的作用，提升空间亮度与气氛。

| 使用照明器具 |
轨道灯、LED灯
条、间接照明灯具

空间设计与图片提供 | 分寸设

| 使用照明器具 |
轨道灯、吸顶灯
（PVC）

气球灯制造趣味打卡角落

利用不同木地板拼法拼成的座位区毗邻书墙的设计，营造出如同图书馆般的氛围，此座位区上端配置环绕轨道灯，满足阅读、聊天照明需求，角落沙发其实是为了修饰管线而增设的，结合气球造型灯具与拍立得板，创造出颇具趣味性的打卡角落。

| 使用照明器具 |
T5灯管（12 W/3000 K）、
灯泡吊灯（钨丝灯泡，
5 W/3000 K，金属）、镶
嵌玻璃吊灯（钨丝灯泡，
7 W/3000 K，镶嵌玻璃）

间接照明和点状光源让画面更柔美

火锅餐厅二楼保留老屋原本的斜顶与红砖墙，营造怀旧氛围，但设计师用木质黑框营造出新旧分界，黑框盒内增加T5灯管向上打光，不仅让光照更柔和，也有助于拉高天花板。餐桌上方以旧梯子作为支架，高低错落的灯泡吊灯营造出星光点点的视觉效果，刻意拉出的1盏镶嵌玻璃的吊灯，让视觉画面更沉稳也更有层次感。

空间设计与图片提供 | 海滩空间设计

依据区域属性选配灯具

基于原始空间条件，用餐区的安排除了常见的两人桌、四人桌，还设有吧台用餐区。在两人桌采用尺寸较大的吊灯，不只将灯光聚焦于餐桌，让食物看起来更美味，外形独特的灯具还有装点空间的作用；吧台区因为桌面窄小，选用可小范围照亮桌面的细长型灯具。利用两种不同灯具混搭，不仅隐约做出空间区隔，还增添了视觉变化。

| 使用照明器具 |
吊灯（金属）

| 使用照明器具 |
爱迪生钨丝灯泡、投射灯

复古爱迪生灯泡创造闪闪点状灯光

座位区沿着墙面延伸环绕，灯光直接以爱迪生灯泡作为装饰及照明，呼应整体空间设计所演绎的新时尚风格。透光玻璃材质及镂空铁窗花，建构出远近分明的灯光层次，一颗颗灯泡形成晶莹点状灯光，营造出有如绅士般的优雅风范。

3 商业空间照明设计

空间设计与图片提供｜开物设计

定制造型灯饰烘托酒吧特色

配置于空间中心吧台上方的照明设计，以啤酒酿造厂内的不锈钢输送管线为灵感，采用复古灯泡作为空间装饰及基础照明。考虑到调酒师工作时需要十分明亮的光线，在作业区上方增加投射灯补强光线，走道区域照明则将灯光与出风口整合，照明的同时也能辅助指引行走动线。

｜使用照明器具｜
爱迪生钨丝灯泡、
投射灯

空间设计与图片提供｜开物设计

彩色射灯打向天花板重温台湾酒家味

这是一间崇尚台湾当地文化的烧烤店，为了表现不拘小节的豪爽饮食风格与风土人情，空间灯光以当地早期酒家霓虹灯为灵感，在桁架上安装蓝色、粉色射灯朝天花板照射，使得彩色光线布满整个天花板包覆空间，再以黄光筒灯加强餐桌及走道照明。

| 使用照明器具 |
射灯、筒灯

空间设计与图片提供 | 合砌设计

低照度设计凸显惬意轻松氛围

这个空间亮度需求不高，重视的是小酌、聊天、用餐的情境氛围，因此选择以吊灯来营造氛围。在两人用餐区的每个桌面上方配置吊灯，让光线聚焦在桌面，吊灯金属外形则为空间注入华丽元素；吧台区的竹制吊灯装饰性强，仅提供少量光照，主要光照来自吧台里打向酒柜后反射的光线。虽说整个空间光线有些昏暗，却营造出适合独处的静谧氛围。

| 使用照明器具 |
吊灯（金属、竹）

展售区

Exhibition Area

空间设计与图片提供 | PartiDesign Studio、
曾建豪建筑师事务所、木介空间设计

商业空间最终目的是销售商品，既然如此，那么如何将产品以最好的姿态呈现在顾客面前呢？让顾客在整个消费过程感到舒适，进而留下印象，是展售区最主要的任务。不论是接待、点餐、收银的柜台，还是产品、造景的展示陈列，都可以通过灯光的辅助来增加好感，预埋下一次消费的契机！

原则 1 白光凸显真实感，黄光制造气氛

百货商场的专柜和单店灯光设计的最大差异在于必须瞬间吸引顾客目光，因此明亮的门面与一目了然的陈设规划是营销关键。主要照明可以采用4000K左右的暖白光，方便顾客辨识商品的色彩，而搭配黄光的轨道灯重点投射制造气氛，使展示商品更加迷人。

原则 2 黄光重点烘托使造景更出色

商业空间环境造景是影响顾客感受的重要一环。随着社交网络的流行，随时拍照是常态，可以通过造景设计一些适合拍照的角落打响名声。造景区最好主题明确，搭配色温3000K以下的光线重点打光；若条件允许，搭配造型别致的灯具更能制造亮点。

原则 3 点餐台、工作区务必清晰明亮

临柜点餐的餐厅会将菜单展示于墙面，在光线的安排上灯箱或轨道灯打光都是不错的选择，可以选择散光型的灯具使光线更平均，4000K的白光也会让菜单看起来更清晰。工作区甚至可以用5000K的光，让员工能更好地集中精神在工作上。

空间设计与图片提供 | ST design studio

原则 **4**
间接照明有助提升柜台亲切感

柜台位置通常邻近入口，肩负接待、包装商品、收银等多项功能，加上会摆放行政相关物品，因此会占用一定的空间。而间接照明能够使柜台空间显得轻盈，也可以在墙上布设背打光的品牌名或标识（logo）图，进一步加深顾客印象。

原则 **5**
主打商品可加强光照凸显

卖场灯光强弱会给顾客造成心理暗示，因此卖场灯光一般会按橱窗、边架、中岛架、其他的主次顺序排列。在橱窗商品的灯光配置上，除了要有足够照度让人看清整体外，亦可在重要部位重点打光凸显细节。

原则 **6**
剧场式氛围有利于高价品促销

大众化品牌由于单价低，所以较高的灯光照度可以在短时间内提升顾客兴奋感，促使快速成交。但单价高的品牌商业空间，顾客思考时间长且追求的是情境体验，此时不妨降低基础照明的亮度，使局部照明得以凸显，有助于营造剧场式的氛围。

3 商业空间照明设计

| 使用照明器具 |
嵌灯（LED灯泡，
8 W/3000 K，
人造水晶）

以嵌灯满足实用需求，燃亮情境氛围

餐厅入口区域以纹理奔放的石材构筑出庞大体量吸引目光，搭配灰黑瓷砖背景墙以及红铜板吧台，让人第一时间就沉醉在华丽高雅的梦幻情境中。由于设计元素已经相当丰富，因此采用嵌灯作为光源，既可以满足调制饮品的光照需求，也能借助吧台金属面对光的反射烘托气氛，亦不会因外露的灯具线条使画面显得凌乱。

空间设计与图片提供｜木介空间设计

空间设计与图片提供｜鎰空间研究室

| 使用照明器具 |
LED灯条（8 W／m，3000 K）、
水晶灯（LED灯泡，5 W/2700 K，人造水晶）

| 使用照明器具 |
筒灯（LED灯泡，
15 W/5000 K，玻
璃、金属烤漆）

造景墙与间接照明攫获视觉焦点

餐厅入口刻意以高达3m的玻璃层板不锈钢架构筑造景墙，搭配悬垂的水晶吊灯，营造出华丽高挑的入门印象。墙面最下层以直纹玻璃充当后方座位隔屏，接着以LED灯条上下布光，让各式酒品成为最佳促销装饰。层架上方同样以LED灯条间距打光，借由玻璃的通透和金属的反光，使造景墙仿佛悬浮于空中，制造出美不胜收的打卡亮点。

5000K的白光点亮工作舞台

美式餐饮空间内，在座位区附近特别辟出一个半开放的工作区，让顾客可以近距离观赏制作流程。由于外部的座位区是以2500K的黄光吊灯与轨道灯做光源配置，因此在工作区规划上，除了利用植物造景增添设计感外，内部则以5000K的白光筒灯打光，一来可提供充足工作亮度，二来也能与外部形成色温反差，强化舞台效果。

3 商业空间照明设计

空间设计与图片提供 | 谧空间研究室

空间设计与图片提供 | ST design studio

白色光源强化商品闪亮特质

为了强调店里饰品的精致设计与材质，在天花板安排灵活的轨道灯作为空间主照明，并采用显色性极佳的4000K的白光，利用白色光投射在金、银材质的饰品上产生的反射效果，让饰品看起来闪闪发亮，达到吸引顾客目光的目的。除了作为基础照明的轨道灯之外，错落安排少量白色灯泡，灯具圆润可爱的外形，正好呼应店里青春可爱的风格。

白光和黄光吸引人流目光

门面为略做分割的清玻璃，搭配圆形、方形台座与透光展示墙，让路过的顾客一眼就能看见商品。灯款选择上以白光的长型LED灯管满足照度需求，以展示商品的准确颜色。两侧则规划可调角度的黄光轨道灯，以满足展示布置的弹性要求。嵌灯除了用在展示架点亮商品外，也用在柜台对标识（logo）重点打光，让消费者迅速记住品牌名称。

| 使用照明器具 |
LED灯管（28W／m，4000 K）、嵌灯
（LED灯泡，8 W /3000 K）、投射灯
（LED灯泡，8 W /3000 K），灯具材质
均为玻璃、金属烤漆

空间设计与图片提供 | 叙研设计

前后光源配合，展示商品无死角

| 使用照明器具 |
LED灯、轨道灯

药店外侧区域主要为服务客人及展示商品，柜台后方展示柜除了前方的聚焦轨道灯照亮商品外，柜内也安装LED灯让光线由内透出。前后灯光相互交错消减轨道灯投射商品时产生的阴影，也使柜体更明亮轻盈。柜台上方则配置轨道灯，光线均匀、充足却不刺眼，且可依需求灵活调整光照位置，使用上更加便利。

空间设计与图片提供│叙研设计

背景颜色差异形成不同光线视感

药店内侧规划为配药区，灯光功能配合药剂师工作需求，明亮的光线让配药工作更有效率，台面的天花板配置投射灯作为主要光源，放置药品的吊柜下方则以LED灯补强光线。配药区和展示区的灯光色温虽相同，但因配药区的白色有较大的反光幅度，因此可形成更为洁净明亮的视觉感受。

│使用照明器具│
LED灯、投射灯

空间设计与图片提供│开物设计

以小嵌灯打亮样板、强化选购信心

销售绿色建材商品的门店内，将展示间分为三大区块。在示范柜体板材的区域内，除了用柜墙实景模拟，还借由书店般的展示手法，细部呈现样板质感。每个层架以3盏小嵌灯打光制造立体感，搭配走道天花板上可调角度的无框盒灯满足照度需求，让顾客轻易感受到建材触感和纹理，强化顾客选购的信心。

| 使用照明器具 |
嵌灯（LED灯泡，
9 W/4000 K）、
无框盒灯（LED灯
泡，9 W/4000 K）

空间设计与图片提供 | PartiDesign Studio/曾建豪建筑师事务所

| 使用照明器具 |
线灯、吊灯

混搭造型灯饰呈现当代融合美感

位于地下一楼的设计选品店，因为预算不高，于是运用折纸的概念折出简单的灯槽安装线灯，并且配合中央展示台的造型配置L形的灯带，扮演照亮商品的角色。位于空间底端的工作区安装了造型吊灯，通过墙面上的镜面反射渲染出华丽的视感，简单的空间利用不同的灯饰配置，也能区隔出景深层次。

空间设计与图片提供 | ST design studio

可调角轨道灯满足多种光源需求

店里主要销售饰品，以壁面和平台上的陈列为主，光源规划以此为基础，安排三四条轨道排列上轨道灯，大面积均匀照亮壁面与平台陈列架，同时又可借由角度调整，做出局部打亮效果。由于陈列架距灯源较远，因此在木架上另外做光源配置，以此打亮架上商品。这样的灯光设置不仅有助于顾客看清商品设计细节，还能凸显饰品闪亮材质特性，增加对顾客的吸引力。

空间设计与图片提供 | 木介空间设计

特色造型灯饰吸引来往旅客目光

位于机场内让旅客短暂休息的啤酒饮品站,整体色系配合机场航站楼装修呈现简约利落的现代感。由于机场本身就有非常明亮的照明,加上落地开窗使得自然光线也很充足,因此座位区的灯具以装饰和营造气氛为主,以达到获取来往旅客注意的目的。工作吧台区则在冰柜及工作区上方安装爱迪生钨丝灯泡提升亮度,点状灯光增加了吧台的精致度。

| 使用照明器具 |
爱迪生钨丝灯泡

| 使用照明器具 |
嵌灯(LED灯泡,12 W/4000 K)、
吊灯(LED灯泡,9 W/3000 K)、
LED灯条(7 W/3000 K, 玻璃、
金属烤漆、镀钛金属)

以镀钛吊灯制造设计亮点

精品服饰店借由仿石材地砖与人字拼木纹砖,共构典雅空间基底。黄铜色镀钛吊杆与圆弧台则提升了空间华贵感。为保持简洁,以直径7cm的嵌灯作为主要光照,在吊杆和柜台区,分别以平均分配和圈围集中两种手法配置,让光源应用更有效率。中央以镀钛吊灯做情境强化,同时呼应弧形设计元素。店名则以LED灯条与嵌灯打亮,加深顾客对店面的印象。

空间设计与图片提供｜木介空间设计

间接照明勾勒木质门面静谧格调

以日式餐饮为主的烧烤店，透过大窗设计让人能看到食物的制作流程。门面选用节理较多的实木碎材拼接，再搭配LED灯条，呈现静谧氛围。骑楼以黑色天花板烘托沉稳格调，地板则以勾缝混凝土地加强防滑效果，搭配数盏嵌灯照明避免空间昏暗，让过路行人忍不住驻足侧目，增添进店消费的欲望。

｜使用照明器具｜
嵌灯（LED灯泡，12 W/3000 K）、
LED灯条（9 W/3000 K，
玻璃、金属烤漆）

空间设计与图片提供｜开物设计

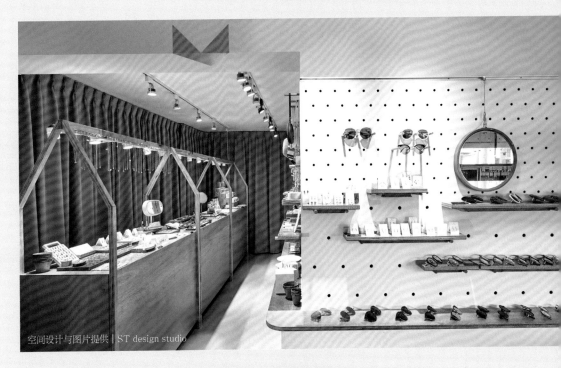

空间设计与图片提供 | ST design studio

多层次光源聚焦商品

根据陈列区的不同设计，在光源的安排上也有所不同。本区除了在天花板采用轨道灯作为主要照明，为空间提供大量匀质光线外，在木质陈列架上也安排了灯具，以近距离打亮架上商品。而借由天花板与陈列架的多层灯光安排，不只让灯光更为丰富且具有层次感，也让饰品不论采用吊挂还是平放等陈列形式，都能有适当光源制造出聚光灯的效果。

| 使用照明器具 |
轨道灯
（10 W/4000 K）

| 使用照明器具 |
间接照明灯具、壁
灯、工作灯、吊灯

按灯光功能区分配置不同功能光源

传统茶行借由当代设计手法重新呈现崭新风貌，灯光在不同区域扮演各自的角色，天花板利用向上打光的间接照明灯具凸显编织造型的特色，左右两侧以向下打光的壁灯照亮走道，也将视线引至展示柜。全室采用约3000 K的色温呼应茶汤色泽，同时传递茶行文化温暖亲切的态度，只有在放置茶叶的工作台上设置色温4000 K的白光以便查看茶叶。

3 商业空间照明设计

附录　照明常见问题解答

对于照明设计，虽有基本的了解，但实际生活中，却经常对照明的规划、设备，甚至于不同空间的照明配置产生不少疑惑，在此集中常见照明疑问并进行解答，帮助读者解开通常生活中关于照明的疑问。

问1：省电灯泡是否含汞？是否有害？

答1：日常生活使用的省电灯泡或日光灯管，都含有微量的汞，在正常使用的状况下，并不会对人体造成危害。如果不小心在拆换灯泡的时候将其打破，要特别注意通风，最好戴上口罩阻绝通过呼吸道吸入含汞的物质，同时也切记不要使用吸尘器清理，灯泡碎片则应妥善包好进行回收。

问2：是否有特别针对家中年长者安全的灯光设计？

答2：年长者的眼睛由于感光性较差，为了避免眼睛直视过于刺眼，建议选择灯光较为柔和的间接照明。另外因为年长者经常起夜，床头两侧除了配置壁灯，亦可于床架下缘装设感应灯，让其在下床走动时获得安全指引。如果从卧室到卫浴间需经过走道，也要在走道壁面安装结合扶手与灯光的设施，加强安全性。

一般建议将年长者的卧室安排在一楼。年长者的卧室若是在二楼及以上，梯间、扶手以及阶梯处要装设足下灯，避免其上下楼梯时，因看不清而发生危险。

空间设计与图片提供｜构设计

问3：间接照明容易积灰尘又不好清理，有方法解决吗？

答3：间接照明是居家空间最常使用也爱用的照明设计，但其最大的问题就是容易堆积灰尘。最简单的方法就是在灯具上加亚克力板，平常清洁只要以抹布擦拭即可。另外，也可以采用垂直间接设计，这种设计虽说站在下方会看到灯管，但由于现在LED灯一体成型，外形也比以往美观许多，因此并不会影响空间美感，不过若想采用这样的设计，楼层高度至少要达到3 m。

空间设计与图片提供 | 实适设计

问4：客厅的灯要怎么配置，才能解决电视屏幕反光而看不清楚的问题？

答4：客厅虽然是居家空间里面积较大的区域，但在灯具的选择上却不一定是最亮的。由于电视机多是摆放在客厅，因此规划光源时，应注意不要在电视墙的对面墙装设灯具，避免因反光而看不清楚屏幕画面。灯具建议选择亮度较低且最好有灯罩的款式，借此可减少眩光现象，视感上会比较舒适。另外，电视墙最好选用雾面不易反光的材质，尽量避开大理石等光面且会反光的建材，若无法舍弃，可将灯具往沙发方向挪移，略远离电视墙可减少反光或眩光。不过要注意，灯具位置不可在沙发上方，以免直射光线让眼睛感到不适。

空间设计与图片提供 | 实适设计

空间设计与图片提供 | 渥渥空间设计

问5：选用黄光或白光，需考虑空间里墙与地板的颜色吗？

答5：空间里对光源产生比较明显影响的主要是天花板和墙面。由于地板距离光源较远，因此地板选用的材质及设计，对光源影响不大。

一般来说，深色天花板、墙面会吸光，反之浅色天花板、墙面则会反光，可将此原理作为光源亮度调整参考，若是深色可增加亮度，若是浅色则调降亮度。

空间宜选用不易反光的材质，建议避开亮面材质以减少反光。至于黄光和白光的选用，注重呈现空间的温暖氛围的，可使用黄光，白光则给人以冰冷的感觉。若对亮度仍有疑虑，建议选用暖白色温，颜色温和，不会过黄或过白，也不易受空间色调影响。

问6：天花板高度对灯具的选用有影响吗？

答6：一般住宅层高约2.8 m，如果做木质吊顶，室内净高会更低。除了壁灯，灯具多装设在天花板上，因此层高与灯具的配置、造型有相关性。

正常层高条件下，选用吊灯除了要注意吊挂距离，造型也不宜太繁复，避免因灯具体积过大而挤占空间高度产生压迫感。挑高房型层高通常超过3 m，此时可选用大尺寸且造型华丽的灯具，展现空间大气感，但由于高度较高，建议一般在楼高约2.8 m、2.5 m位置处再增设投

空间设计与图片提供 | 叙研设计

射灯、嵌灯、轨道灯来增加亮度。若层高偏低，建议采用吸顶灯，或者不做木质吊顶，装设轨道灯作为主照明，借此可保持天花板的干净简洁，达到视线开阔的效果。

问7：进行空间照明规划时，如何规划合宜的光源？

答7：在进行空间光源规划时，首先要从空间的功能来考虑，客厅、卧室、餐厅属于居家空间里的休闲区域，人们大多在这里进行聊天、看电视、吃饭、睡觉等活动，因此适合安排均匀发散的光源，搭配让人感到放松的温暖黄光，以营造舒适温暖的空间氛围。至于书房、厨房属于工作区，功能重于氛围，为了便于进行阅读、办公、料理等活动，适合采用显色真实且明亮清晰的白光，一般工作区照度为500～750 lx比较恰当，若照度仍显不足，可增加重点光源做补强。

问8：若想在照明规划中节省预算该怎么做？

答8：若想在照明规划中节省预算，建议舍弃嵌灯设计。虽然安装嵌灯可让天花板看起来平整，但需做木质吊顶来安装，因此会有做木质吊顶的费用。若预算吃紧，建议改为裸露天花板安装轨道灯的设计，不仅可节省费用，灯的数量还可依个人需求增减。就灯具款式来说，一般金属材质的灯具在价格上会比塑料等材质的昂贵，购买时可避开金属材质，选用价格亲民的灯具，不过基本上灯

空间设计与图片提供 | 实适设计

具价格仍会依设计品牌而有高低差异，购买前可先行比价。

问9：装设感应灯具时，要注意什么？

答9：通常装设感应灯，就是想借助感应灯的感应设计来开启或关闭光源，增强生活便利性，进而达到节能的目的。但由于感应灯感应灵敏，若想装设建议安装在不常有人走动的区域，例如玄关，而经常有人走动的走道就不适合使用感应灯。